零点起飞 电脑培训学校

畅销品牌

导向工作室 编著

文秘办公自动化

培训教程

人民邮电出版社

北京

图书在版编目（CIP）数据

文秘办公自动化培训教程 / 导向工作室编著. -- 北
京 : 人民邮电出版社，2014.2（2023.6重印）
（零点起飞电脑培训学校）
ISBN 978-7-115-33909-6

Ⅰ．①文… Ⅱ．①导… Ⅲ．①办公自动化—应用软件
—技术培训—教材 Ⅳ．①TP317.1

中国版本图书馆CIP数据核字(2013)第284134号

内 容 提 要

本书以 Windows 7 与 Office 2010 为基础，结合文秘工作的特点，以实际工作中常用的操作为例，系统讲述了电脑在文秘办公自动化中的应用。本书内容主要包括文秘办公环境、电脑打字、管理电脑中的文件、编辑 Word 文档、排版和打印 Word 文档、制作 Excel 表格、计算和管理 Excel 电子表格、制作 PowerPoint 演示文稿、设计与放映 PowerPoint 演示文稿、局域网办公、Internet 网络办公基础、电子商务应用、网上沟通、常用办公工具软件、常用办公设备及电脑安全维护等。

本书内容翔实，结构清晰，图文并茂，每一课均以课前导读、课堂讲解、上机实战、常见疑难解析以及课后练习的结构进行讲述。通过大量的案例和练习，读者可快速有效地掌握实用技能。

本书可供各类大中专院校或社会培训学校的计算机相关专业作为教材使用，还可供文秘工作者及相关专业工作人员学习和参考。

◆ 编　　著　导向工作室
责任编辑　李　莎
责任印制　程彦红　焦志炜

◆ 人民邮电出版社出版发行　北京市丰台区成寿寺路 11 号
邮编　100164　电子邮件　315@ptpress.com.cn
网址　https://www.ptpress.com.cn
固安县铭成印刷有限公司印刷

◆ 开本：787×1092　1/16
印张：14.5　　　　　　　2014 年 2 月第 1 版
字数：382 千字　　　　　2023 年 6 月河北第 26 次印刷

定价：39.80 元（附光盘）

读者服务热线：(010)81055410　印装质量热线：(010)81055316
反盗版热线：(010)81055315
广告经营许可证：京东市监广登字 20170147 号

前　言

　　"零点起飞电脑培训学校"丛书自2002年推出以来，在10年时间里先后被上千所各类学校选为教材。随着电脑软硬件的快速升级，以及电脑教学方式的不断发展，原来图书的软件版本、硬件型号，以及教学内容、教学结构等很多方面已不太适应目前的教学和学习需要。鉴于此，我们认真总结教材编写经验，用了3～4年的时间深入调研各地、各类学校的教材需求，组织优秀的、具有丰富教学和实践经验的作者团队对本丛书进行了升级改版，以帮助各类学校或培训班快速培养优秀的技能型人才。

　　本着"学用结合"的原则，我们在教学方法、教学内容以及教学资源上都做出了自己的特色。

🕐 教学方法

　　本书采用"课前导读→课堂讲解→上机实战→常见疑难解析→课后练习"五段教学法，激发学生的学习兴趣，细致讲解理论知识，重点训练动手能力，有针对性地解答常见问题，并通过课后练习帮助学生强化巩固所学的知识和技能。

　　◎ 课前导读：以情景对话的方式引入本课主题，介绍本课相关知识点会应用于哪些实际情况，以及其与前后知识点之间的联系，以帮助学生了解本课知识点在文秘办公中的作用，学习这些知识点的必要性和重要性。

　　◎ 课堂讲解：深入浅出地讲解理论知识，着重实际训练，理论内容的设计以"必需、够用"为度，强调"应用"，配合经典实例介绍如何在实际工作当中灵活应用这些知识点。

　　◎ 上机实战：紧密结合课堂讲解的内容给出操作要求，并提供适当的操作思路以及专业背景知识供学生参考，要求学生独立完成操作，以充分训练学生的动手能力，并提高其独立完成任务的能力。

　　◎ 常见疑难解析：我们根据十多年的教学经验，精选出学生在理论学习和实际操作中经常会遇到的问题并进行答疑解惑，以帮助学生吃透理论知识和掌握其应用方法。

　　◎ 课后练习：结合每课内容给出难度适中的上机操作题，学生可通过练习，强化巩固每课所学知识，达到温故而知新。

🔍 教学内容

　　本书教学目标是循序渐进地帮助学生掌握文秘办公中要用到的相关知识，让他们能使用电脑办公、能使用Office办公软件完成相关工作、能使用互联网实现网络办公。全书共有16课，可分为3部分，具体内容如下。

　　◎ 第1部分（第1～3课）：主要讲解电脑基础知识，如文秘办公环境、电脑打字和管理电脑中的文件等。

　　◎ 第2部分（第4～9课）：主要讲解Office办公软件的使用，如编辑、排版和打印Word文档，制作Excel表格、计算和管理Excel电子表格，制作、设计与放映PowerPoint演示文稿等。

　　◎ 第3部分（第10～16课）：主要讲解如何使用网络实现现代化办公，如局域网办公、Internet网络办公基础、电子商务应用、网上沟通、常用办公工具软件、常用办公设备、维护电脑安全等。

　　说明：本书以Office 2010环境为例，在讲解时如使用"在【开始】→【字体】组中……"则表示在"开始"功能选项卡的"字体"功能区中进行相应设置。

配套光盘

本书配套光盘中提供立体化教学资源，不仅有书中的素材、源文件，而且提供了多媒体课件、演示动画，此外还有模拟试题和供学生做拓展练习使用的素材等，具体如下。

◎ 书中的实例素材与效果文件：书中涉及的所有案例的素材、源文件，以及最终效果文件，方便教学使用。

◎ 多媒体课件：精心制作PowerPoint格式的多媒体课件，方便教师教学。

◎ 演示动画：提供本书"上机实战"部分的详细的操作演示动画，供教师教学或学生观看。

◎ 模拟试题：汇集大量文秘办公自动化的相关练习及模拟试题，包括选择、填空、判断、上机操作等题型，并为本书专门提供两套模拟试题，既方便教师的教学活动，也可供学生自测使用。

◎ 可用于拓展训练的各种素材：与本书内容紧密相关的可用作拓展练习的大量图片、文档或模板等。

本书由导向工作室组织编写，参与资料收集、编写、校对及排版的人员有牟春花、肖庆、李秋菊、黄晓宇、李凤、熊春、蔡长兵、蔡飓、张倩、耿跃鹰、张红玲、高志清、刘洋、丘青云、谢理洋、曾全等。虽然编者在编写本书的过程中倾注了大量心血，精益求精，但恐百密之中仍有疏漏，恳请广大读者及专家不吝赐教。

编 者

目 录

第1课
走进文秘办公

学生：老师，学习文秘办公的技能有何意义？

老师：在信息化技术发展的今天，电脑已经是工作中不可缺少的办公设备，文秘工作也不例外，因此，学会使用电脑进行办公是文秘工作者必须会的技能。

学生：那到底怎样使用电脑进行文秘办公呢？

老师：别急，下面我们来了解什么叫做文秘办公自动化，然后从最基础的电脑组成、启动和关闭等开始，进入用电脑进行文秘办公的学习过程。

学生：好的，我会认真学习的！

学习目标

▶ 了解文秘办公自动化的概念

▶ 掌握电脑的组成、启动和关闭方法

▶ 熟悉 Windows 7 操作系统的桌面组成

▶ 掌握 Windows 7 窗口、对话框和菜单的操作方法

1.1 课堂讲解

本课主要讲述文秘办公自动化概述，电脑的组成、启动与关闭，Windows 7的桌面、窗口、对话框和菜单等知识。通过相关知识点的学习和案例的实践，可以掌握正确启动和关闭电脑的方法，了解和认识Windows 7中的窗口、对话框和菜单。

1.1.1 文秘办公自动化概述

随着电脑的普及，文秘办公自动化的趋势越来越明显，下面就来了解文秘办公自动化的相关内容。

1. 文秘办公自动化的概念

文秘办公自动化是指将文秘办公和计算机功能结合起来的一种新型的办公方式，是新技术革命中一个非常活跃、具有很强生命力的技术应用领域。文秘办公自动化在行政机关、企事业单位工作中应用都十分广泛，它采用Internet技术，以电脑设备为中心，结合一系列现代化的办公设备和先进的通信技术，高效地收集和整理信息，改变过去复杂、低效的手工办公方式，达到提高文秘办公效率的目的。

2. 文秘办公自动化的工作内容

文秘办公主要涉及行政、文字、办公用品管理等工作，担负着参与政务、管理事务、综合服务的任务。各项工作的主要内容介绍如下。

公文写作

公文写作是文秘工作的重要部分，当起草合同、记录方案会议等工作时，就需要文秘人员具备公文写作的能力。

行政管理

行政管理的范围比较广泛、繁杂，包括企事业单位招聘、员工工资管理等工作，需要文秘人员具有较强的责任心和认真的工作态度。

服务性工作

服务性工作是指为领导或客户所做的一系列服务，需要文秘人员及时、高效地处理好这些公司日常的事务。

3. 文秘人员应具备的职业素质

由于文秘人员的工作多而且杂，所以需要文秘人员必须同时具备许多职业素质。下面列出其中对文秘人员的部分要求，以供参考。

◎ 熟悉各种公文写作标准，具有较强的文字组织能力。

◎ 言行举止必须符合办公人员标准，需熟悉各种办公礼仪，如穿着得体、谈吐大方等。

◎ 具有较强的保密意识。文秘人员经常接触公司内部的许多机密文件，因此文秘人员必须具备较强的保密意识，不能给公司带来任何损失和破坏。

◎ 为提高办公效率，文秘人员需掌握电脑的操作技能，并能熟练使用各种办公自动化设备。

4. 现代文秘办公的发展

早期的文秘办公自动化主要是指使用单台设备进行单项办公业务的自动化，如打字机、电传机、复印机等。到了20世纪70年代，美国首先提出了现代办公自动化的设想，之后流行于日本、西欧等地区。随着微型计算机的普及以及程控数字交换机和计算机网络技术的成熟，办公自动化系统进入了一个新的发展阶段，20世纪80年代便出现了高层次的办公自动化系统。随着办公自动化技术的发展，文秘办公的方式也会产生日新月异的变化。

1.1.2 电脑的组成

电脑是计算机的俗称，它由硬件和软件两大部分组成，硬件即主板、内存等实体，软件是指安装在电脑上的各种程序，如Windows 7操作系统、Office办公软件等。要想让电脑发挥各种功能，硬件和软件缺一不可。

1. 电脑的硬件

电脑的硬件包括组成电脑的部件和与电脑相连的各种外部设备。

机箱

机箱是电脑硬件的载体，电脑的重要部件都放置在机箱内，如主板、硬盘、光驱等，质量较好的机箱拥有良好的通风结构和合理布局，这样不仅有利于硬件的放置，也利于电脑散热。图1-1所示即为机箱的外观。

图1-1　机箱

电源

电源是电脑的供电设备，它为电脑中的其他硬件如主板、光驱、硬盘等提供稳定的电压和电流，使其正常工作。图1-2所示即为电源的外观。

图1-2　电源

主板

主板又称为主机板、系统板或母板（motherboard），主板上集成了各种电子元件和动力系统，包括BIOS芯片、I/O控制芯片和插槽等。主板的好坏决定着整个电脑的好坏，主板的性能影响电脑工作的性能。图1-3所示即为主板的外观。

图1-3　主板

CPU

CPU是中央处理单元的缩写，简称为微处理器。CPU是电脑的核心，它负责处理、运算所有数据，主要由运算器、控制器、寄存器和内部总线等构成。图1-4所示即为CPU的外观。

图1-4　CPU

硬盘

硬盘是电脑重要的存储设备，能存放大量的数据，且存取数据的速度很快。硬盘主要有存储容量、接口类型和转速等参数，如图1-5所示。

图1-5　硬盘

内存条

内存条的外观如图1-6所示，它是CPU与其他硬件设备沟通的桥梁，用于临时存放数据和协调CPU的处理速度。内存条容量越大，电脑处理的能力就越强，速度也越快。

图1-6　内存条

显示器

显示器是电脑重要的输出设备，主要分为CRT显示器和LCD（液晶）显示器。CRT显示器可以将色彩更好地还原，适用于设计等对色彩要求较高的行业；液晶显示器更为轻便，而且能有效地减少辐射。图1-7所示即为两种显示器的外观。

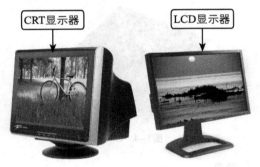

图1-7　显示器

鼠标和键盘

鼠标和键盘是最基本的输入设备，其外观如图1-8所示。通过它们，用户可向电脑发出指令进行各种操作。使用鼠标和键盘是学习电脑最基本的操作，后面的章节将会对其进行详细介绍。

图1-8　鼠标和键盘

光驱

光驱即光盘驱动器的简称，它可以读取光盘中的信息，然后通过电脑将其重现出来，其外观如图1-9所示。

图1-9　光驱

音箱和耳麦

音箱和耳麦是主要的声音输出设备，没有它们，操作电脑时便听不到音乐、视频等的声音，其外观如图1-10所示。

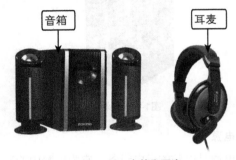

图1-10　音箱和耳麦

打印机

打印机是文秘办公中必不可缺的办公设备之一，它可以打印文件、合同、信函等各种文稿。按其工作原理，可以分为针式打印机、喷墨打印机和激光打印机3种，现在普遍使用的是后两种，图1-11所示即为激光打印机。

图1-11　激光打印机

扫描仪

扫描仪是一种可以将实际工作中的文字或图片输入到电脑中的工具，它诞生于20世纪80年代初，是一种光机电一体化设备。扫描仪可分为手持式扫描仪、平板式扫描仪和滚筒式扫描仪等，图1-12所示即为平板式扫描仪。

图1-12　扫描仪

传真机

传真机可以不受地域限制，以高速、高质量、高准确度的特点向目标位置传输信息，是文秘办公中常用的外部设备，如图1-13所示。

图1-13　传真机

复印机

复印机可以复印文件，在办公中也会经常使用，如复印身份证、各种职称文凭等，如图1-14所示。

图1-14　复印机

2. 电脑的软件

软件是计算机的灵魂，电脑的各种操作实际上都是使用软件完成的。电脑软件可分为系统软件、工具软件、专业软件3大类。

系统软件

系统软件是其他软件的使用平台，其中最常用的便是Windows操作系统，图1-15所示为Windows操作系统——Windows 7的外包装图。计算机中必须安装系统软件才能为其他软件提供使用。

图1-15　系统软件

工具软件

工具软件的种类最为繁多，这类软件的特点是占用空间小、实用性强，如"暴风影音"视频播放器软件、ACDSee图片管理软件等。

专业软件

专业软件是指具有某一领域强大功能的软件，这类软件的特点是专业性强、功能多，如Office办公软件是办公用户的首选，Photoshop图形图像处理软件是设计领域常用的专业软件。图1-16所示为Office 2010办公软件的外包装图。

图1-16　专业软件

1.1.3　启动与关闭电脑

启动和关闭电脑实际上就是启动和退出Windows 7，它是正确使用Windows 7的基础。

下面介绍启动和关闭电脑的方法，并详细讲解鼠标的使用。

1. 启动电脑

如果电脑中只安装了Windows 7操作系统，打开电脑电源开关，稍后即可进入Windows 7；如果电脑中安装了不止一个操作系统，开机后将出现选择操作系统的提示，如电脑中安装了Windows 7和Windows XP，则会出现如下的提示：

Microsoft Windows 7

Microsoft Windows XP

按键盘上的【↑】或【↓】光标控制键选择需要启动的操作系统后，按【Enter】键即可启动该操作系统。如果不做选择，系统默认进入第一个操作系统。

如果操作系统中只有一个用户且无密码，则自动进入Windows 7的桌面。若创建了多个账户，则打开登录界面，要求选择账户。此时用鼠标单击账户图标，若该账户设有密码，则打开输入密码的文本框，在其中输入正确的密码后按【Enter】键即可进入操作系统，如图1-17所示。

图1-17　选择登录账户并输入密码

2. 使用鼠标操作

在Windows 7操作系统中，鼠标是向电脑发出指令的最重要工具之一，灵活使用鼠标有助于熟练操作电脑。图1-18所示为目前最常用的3键光电鼠标，它由鼠标左键、鼠标滚轮和鼠标右键组成。

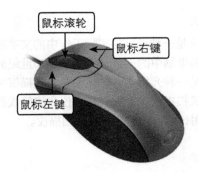

图1-18　鼠标

（1）鼠标的基本操作

鼠标的基本操作有以下几种。

◎ **定位**：手握鼠标进行拖动，此时屏幕上的箭头（即鼠标指针）会同步移动，将该箭头移至某一对象上并停留。

◎ **单击**：将鼠标定位到某一对象后，快速按一下鼠标左键，然后立即释放。

◎ **右击**：将鼠标定位到某一对象后，快速按一下鼠标右键，并立即释放。

◎ **双击**：将鼠标定位到某一对象后，快速按两下鼠标左键。

◎ **拖动**：按住鼠标左键不放并移动鼠标，到目标位置后释放。

◎ **滚动**：用手指拨动鼠标滚轮。

（2）鼠标指针的常见形状

使用鼠标时，鼠标指针会因不同的操作而呈现不同的形状，了解不同的鼠标指针形状有助于明确鼠标或电脑系统当前的状态。

常见鼠标指针形状及含义如下。

◎ ▷：鼠标指针的基本状态，也可理解为"就绪"状态。

◎ ▷：系统正在执行操作，稍作等待。

◎ ◎：系统忙，需等待短暂时间。

◎ ⊘：当前操作不可用。

◎ ✥：移动对象。

◎ ♓：当前对象为超链接。

◎ Ⅰ：可输入文本。

◎ ↕ 、↔ 、⤢ 、⤡ ：调整窗口或边框的大小。

> 提示：鼠标指针的形状不止上述这些，可在实际操作时留心观察，从而提高认识电脑当前状态的水平。

3. 关闭电脑

当不需要使用电脑时应退出Windows 7，其具体操作如下。

❶ 关闭所有已经打开的文件和应用程序窗口。

❷ 在桌面上单击 按钮，在弹出的菜单中单击 关机 ▶ 按钮即可，如图1-19所示。

❸ 退出操作系统后会自动切断主机电源，再手动关闭显示器电源和其他外部设备电源即可。

图1-19 单击"关机"按钮

4. 案例——启动电脑并切换用户账户

下面假设一台电脑中只安装了Windows 7操作系统，并创建有"admistrnistor"和"hsk"两个账户，本例要求以其中的"hsk"账户（未设置密码）登录Windows 7，然后切换到"hsk"账户中。通过该案例的学习，掌握在多用户状态下启动Windows 7的方法，并掌握切换用户账户的方法。

❶ 打开外部设备，显示器的电源开关，再按下主机机箱正面的主机电源按钮。

❷ 此时屏幕上将显示电脑自检相关信息，完成后将出现如图1-20所示的账户选择界面，单击其中的"hsk"账户图标。

❸ 稍后即可成功进入Windows 7的桌面，完成启动操作。

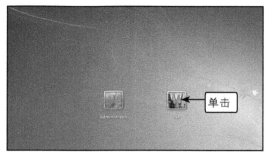

图1-20 选择账户

❹ 系统运行中，在桌面中单击 按钮，在弹出的菜单中单击 关机 ▶ 按钮右侧的下拉按钮，在弹出的菜单中选择"切换用户"命令即可，如图1-21所示。

图1-21 切换用户账户

⏱ 试一试

启动电脑，在图1-20所示的选择账户界面中单击左下角的"关机"按钮，观察其作用。

1.1.4 认识和设置Windows 7桌面

Windows 7桌面是操作电脑的重要场所。

1. 认识桌面

启动Windows 7操作系统后，看到的第一个画面就是"桌面"，如图1-22所示。电脑桌面就像图书馆中的书桌一样，上面放置了电脑操作最常用的东西，如"计算机""回收站""网络"等图标。从图中可以看出桌面主要由桌面图标和任务栏两部分组成。

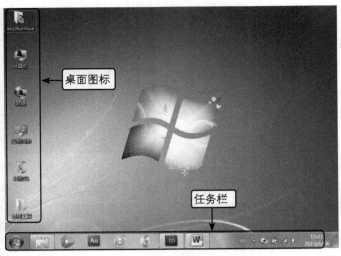

图1-22 Windows 7的桌面

桌面图标

图书馆的一个图书标签代表一本图书，只要找到图书标签，要找到相应的图书就轻而易举了。桌面图标就像图书标签一样，它代表一个常用的程序、文件或文件夹，由图形和图标名称组成，如图1-23所示。

图1-23 桌面图标

双击桌面上的图标即可打开相应的程序、文件或文件夹。在Windows 7中，可以添加其他各种应用程序和文档的图标到桌面上，方法为：选择【开始】→【所有程序】命令，在弹出的子菜单中找到需创建图标对应的程序命令，在其上单击鼠标右键，在弹出的快捷菜单中选择【发送到】→【桌面快捷方式】命令即可。

> 提示：桌面图标分为系统图标和快捷图标两大类。系统图标是Windows 7系统中自带的，主要用于管理电脑中的资源，包括"计算机""网络""回收站""用户的文件"和"控制面板"图标；快捷图标左下角往往有一个小箭头符号 📎 。

任务栏

任务栏位于桌面的底端，是一个长条形区域。它主要由 ⊞ 按钮、快速启动区、应用程序列表、通知栏等部分组成。

任务栏中各组成部分的作用如下。

◎ ⊞ **按钮**：该按钮也称为"开始"按钮，单击它将弹出"开始"菜单。

◎ **快速启动区**：位于 ⊞ 按钮右侧，包括各种快捷图标，单击任意一个图标即可启动相应的程序。

> 提示：如果不知道快速启动区中各图标的含义，可将鼠标指针定位在快速启动区的图标上，系统会显示说明文字，如图1-24所示。

图1-24 显示图标的含义

◎ **应用程序列表**：应用程序列表中一个按钮代表一个打开的窗口。在Windows 7中可以打开多个窗口，每打开一个窗口，在应用程序列表中即会出现相应的窗口按钮。

◎ **通知栏**：位于任务栏最右边，主要用于提供有关活动状态的信息。一般包括时钟、音量

图标 [⬚]，以及一些已经启动的程序的快捷图标。单击 [⬚] 按钮可展开隐藏的通知区域，如图1-25所示。

图1-25　展开通知栏

> 提示：首次进入Windows 7桌面时，语言栏会独立显示在任务栏右边，如图1-26所示。语言栏主要用于管理电脑中的各种语言输入法。在本书的第2课会对语言栏的使用进行详细介绍。

图1-26　语言栏

2. 管理桌面图标

如果电脑上的图标太乱，则需要对其进行管理。在默认状态下，桌面图标按一定的顺序排列在桌面的左侧，用户可以根据需要将其按大小、名称或类型排列，以方便查找。排列图标的方法有以下几种。

◎ 在桌面背景上单击鼠标右键，在弹出的快捷菜单中选择"排列方式"选项，在展开的子菜单中选择相应的命令可使桌面图标分别按名称、大小、项目类型和修改时间从上到下、从左到右进行排列，如图1-27所示。

◎ 如果要手动排列图标，首先应确定"排列图标"子菜单中的"自动排列"和"对齐到网格"命令未激活，然后选择图标，通过拖动鼠标的方法将其放置在桌面的任意位置，图1-28所示就是任意排列图标后的效果。

◎ 移动图标后在桌面背景上单击鼠标右键，在弹出的快捷菜单中选择【排列图标】→【自动排列】命令，可以将桌面图标恢复到默认显示状态下。

图1-27　排列方式　　　图1-28　任意排列图标

◎ 在桌面背景上单击鼠标右键，在弹出的快捷菜单中选择【排列图标】→【显示桌面图标】命令，取消其左侧的 ✓ 标记，此时桌面上所有的图标将全部消失不可见。

3. 个性化桌面设置

Windows 7操作系统默认的主题为Windows 7主题，用户可根据喜好更改桌面效果。

✎ **使用系统自带的主题**

Windows 7操作系统自带了"Windows 7""建筑""人物""风景""自然""场景""中国"等主题，用户可以根据需要选择喜欢的主题。

❶ 在桌面空白处单击鼠标右键，在弹出的快捷菜单中选择"个性化"命令。

❷ 打开"个性化"窗口，在其中的"Aero主题"栏中选择需要的主题，如图1-29所示，即可更改Windows 7的主题效果。

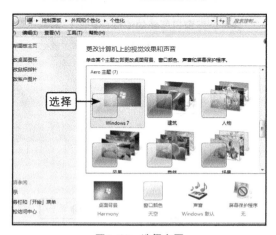

图1-29　选择主题

✎ **更改主题效果**

Windows 7中的主题可以根据用户需要进行

修改。

❶ 在"个性化"窗口中选择一个主题后，在窗口下方单击"桌面背景"超链接，打开"桌面背景"窗口。

❷ 在"图片位置"下拉列表中选择设置为桌面背景的图片所在的位置，在中间的列表框中选择作为桌面背景的图片，可单击选择多张图片，在下方的"图片位置"下拉列表中选择"填充"选项，如图1-30所示。

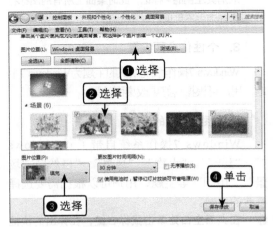

图1-30　设置桌面背景

❸ 单击 保存修改 按钮确认设置，并返回"个性化"窗口。单击"窗口颜色"超链接，打开"窗口颜色和外观"窗口，在其中选择喜欢的颜色选项，在"颜色浓度"滑块上拖动滑块可调整窗口颜色的浓度，如图1-31所示。

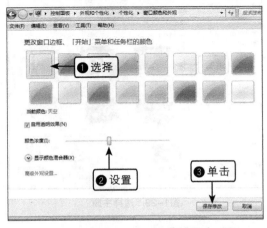

图1-31　设置窗口颜色

❹ 单击 保存修改 按钮确认设置，并返回"个性

化"窗口。单击"声音"超链接，打开"声音"对话框，单击"声音"选项卡，在其中对应的选项中设置喜欢的声音，如图1-32所示。

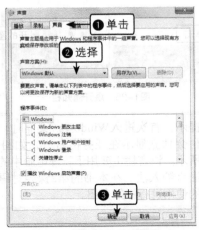

图1-32　设置系统声音

❺ 单击 确定 按钮确认设置，并返回"个性化"窗口，单击"屏幕保护程序"超链接，打开"屏幕保护程序设置"对话框，在"屏幕保护程序"下拉列表中选择需要的选项，在"等待"数值框中输入出现屏幕保护程序的时间，如图1-33所示。

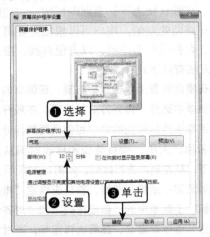

图1-33　设置屏幕保护程序

❻ 单击 确定 按钮确认设置，并返回"个性化"窗口。在"我的主题"栏中单击"保存主题"超链接，打开"将主题另存为"对话框，在其中输入主题名称，单击 保存 按钮即可，如图1-34所示。

图1-34　保存主题

!　提示：若修改了主题中的相关设置，而没有保存主题，那么当前的设置也会生效，但再次设置的效果会替换当前主题效果。

4. 案例——创建Windows 7主题

Windows 7操作系统相对于其他系统，主题效果更加华丽，用户选择性更多。下面创建名为"鲜花"的主题效果，效果如图1-35所示。

图1-35　个性化主题效果

❶ 在桌面空白处单击鼠标右键，在弹出的快捷菜单中选择"个性化"命令，打开"个性化"窗口，在其中单击"桌面背景"超链接，打开"桌面背景"窗口。

❷ 单击 浏览(B)... 按钮，打开"浏览文件夹"对话框，在其中选择E盘下的"怒放&樱花"文件夹，如图1-36所示。

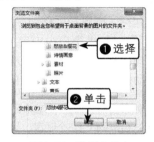

图1-36　选择文件夹

❸ 单击 确定 按钮返回"桌面背景"窗口，单

击 全部清除(C) 按钮全部取消选择，然后在中间列表框中选择需要作为桌面的图片，如图1-37所示。

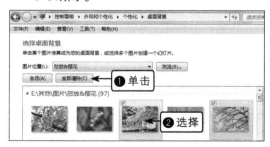

图1-37　选择图片

❹ 单击 保存修改 按钮确认设置，并返回"个性化"窗口。单击"窗口颜色"超链接，打开"窗口颜色"窗口，在其中单击"天空"颜色块，在"颜色浓度"滑块上拖动滑块调整窗口颜色的浓度。

❺ 单击 保存修改 按钮确认设置，并返回"个性化"窗口，单击"声音"超链接，打开"声音"对话框，单击"声音"选项卡，在其中的下拉列表中选择"传统"选项，其他保持默认。

❻ 单击 确定 按钮确认设置，并返回"个性化"窗口。单击"屏幕保护程序"超链接，打开"屏幕保护程序设置"对话框，在"屏幕保护程序"下拉列表中选择"彩带"选项，在"等待"数值框中输入"10"。

❼ 单击 确定 按钮确认设置，并返回"个性化"窗口。在"我的主题"栏中单击"保存主题"超链接，打开"将主题另存为"对话框，在其中输入"鲜花"，单击 保存 按钮即可，应用后的效果如图1-35所示。

⏱ 试一试

将桌面上的图标设置为默认的图标，然后更改桌面背景为自己的照片。

1.1.5　设置Windows 7窗口

在Windows 7操作系统中，窗口是重要的操作对象之一，各种窗口显示的内容各不相同，但其组成与基本操作是相同的。

1. 认识Windows 7窗口

双击桌面上的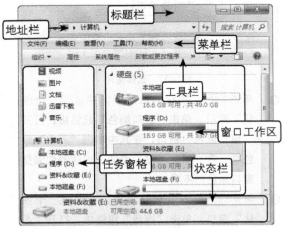图标打开"计算机"窗口，如图1-38所示。Windows 7中很多操作都是通过窗口来完成的，下面来了解其外观和基本操作。

图1-38　窗口的组成

"计算机"窗口是一个典型的Windows窗口，在Windows 7中所有窗口的外观及组成部分都大致相同，一般包括窗口标题栏、菜单栏、工具栏、窗口工作区、任务窗格和状态栏等部分。下面分别介绍窗口中各个组成部分。

标题栏

标题栏位于窗口的顶部，用于显示窗口的名称和对该窗口进行一些控制操作。右侧为窗口控制按钮：从左至右分别为"最小化"按钮、"最大化"按钮、"关闭"按钮，单击相应的按钮即可实现对窗口的相应操作。

> 注意：当窗口的标题栏呈深色显示时，表示为当前操作窗口。当打开一个新的窗口时，原来窗口的标题栏将变成灰色。需注意的是，在进行操作时，只有一个窗口是当前窗口。

地址栏

地址栏位于标题栏下方，单击地址栏中

的▶按钮，在弹出的下拉列表中选择一个选项，即可打开相应的窗口，如选择E盘对应的选项，将打开E盘的窗口，如图1-39所示。另外，地址栏还包括"后退"按钮、"前进"按钮、"搜索"框等，单击将执行相应的操作。

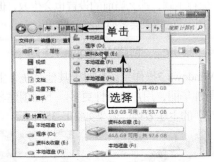

图1-39　通过地址栏打开窗口

菜单栏

菜单栏位于地址栏的下方，它包含多个菜单，每一个菜单又包含一组菜单命令，通过这些菜单命令可以完成各种操作。如单击"计算机"窗口中的"查看"菜单项，在弹出的菜单中选择所需的命令即可执行相应的操作。

工具栏

工具栏位于菜单栏的下方，它以按钮的形式列出了一些常用的命令，在工具栏中单击向下的黑色小箭头按钮▼时，将会弹出一个下拉菜单，在该菜单中可以选择需要执行的命令。

窗口工作区

窗口工作区是窗口中最大的区域，用于显示窗口的主要内容、操作对象等，如在"计算机"窗口中包括了硬盘和可移动存储设备区，如图1-40所示。如果窗口中内容太多显示不完全时，窗口工作区的右侧或下方将出现滚动条，拖动滚动条可滚动显示窗口中的内容。

> 注意：如果窗口工作区中有5个硬盘盘符，并不表示这台电脑上有5个硬盘，只是将硬盘从逻辑上分成几个部分，其中一个部分叫硬盘的一个分区。

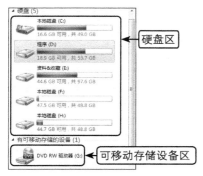

图1-40　窗口工作区

任务窗格

任务窗格位于窗口的左侧，它包含了任务管理器中的相关磁盘盘符，文件根目录和库等每一个根目录标题的右侧都有一个 ▷ 和 ◢ 按钮，单击可展开其下级目录。若单击根目录选项，则在右侧的窗口工作区显示根目录下的内容。

状态栏

状态栏位于窗口的最下方，显示提示信息和当前工作状态。状态栏的显示和隐藏可以通过选择【查看】→【状态栏】命令来控制。

2. 操作Windows 7窗口

了解了窗口的外观后，下面讲解如何打开窗口、改变窗口大小、移动窗口、排列窗口、切换窗口、关闭窗口等操作。

打开窗口

在Windows 7操作系统中，当用户启动一个程序或双击打开一个文件或文件夹时，都将打开一个窗口。单击选中对象后按【Enter】键，或用鼠标右键单击对象图标，在弹出的快捷菜单中选择"打开"命令也可打开该对象窗口。

改变窗口大小

除了使用标题栏上的窗口控制按钮来控制窗口大小外，还可以通过调整窗口边框的方法来改变窗口大小。方法是当窗口没有处在最大化状态下将鼠标指针移至窗口的外边框上，当其变为双向箭头 ↔ 时，按住鼠标左键不放并拖动鼠标，到需要的大小时释放鼠标。若将鼠标指针移至窗口4个角的任意一个角上，当鼠标指针变为双向箭头 ↖ 时，拖动鼠标可同时改变窗口的高度和宽度（非等比例改变）。另外，双击窗口的标题栏可以最大化窗口，再次双击可还原窗口大小。

移动窗口

打开窗口后，窗口会遮盖住屏幕上的其他内容，这时可以适当移动窗口的位置。方法是在窗口标题栏空白区域按住鼠标左键不放并拖动鼠标。需要注意的是，最大化后的窗口不能移动。

排列窗口

使用电脑时可以同时打开多个窗口。当打开多个窗口后，为了使屏幕整洁，便于操作，可以对打开的窗口进行层叠、横向、纵向和平铺等排列。方法是在任务栏的空白处单击鼠标右键，在弹出的快捷菜单中选择相应的命令，其中用于排列窗口的命令有层叠窗口、横向平铺窗口、纵向平铺窗口和显示桌面命令。图1-41所示是选择"层叠窗口"命令后的效果。

图1-41　层叠显示窗口

切换窗口

由于当前窗口只有一个，且所有的操作都

是针对当前窗口进行的，因此要对某个窗口进行操作时，就要先将其切换成当前窗口。切换窗口有下面几种方法。

◎ **用任务栏切换**：每打开一个窗口，都将在任务栏的按钮区中显示出该窗口的程序按钮，在任务栏按钮区中单击需要切换到的窗口的按钮。

◎ **通过快捷键切换**：同时按下键盘上的【Alt+Tab】键（按下后暂时不放），屏幕上将出现任务切换栏，系统当前已经打开的程序都以图标的形式排列出来。在按住【Alt】键不放的同时再按一次【Tab】键并释放（【Alt】键不能放），直到切换到需要的窗口图标后释放所有按键，便可切换到该窗口。

关闭窗口

对于不再使用的窗口，应将其关闭。关闭窗口的方法有如下几种。

◎ 单击窗口标题栏最右边的"关闭"按钮 ✕ 。

◎ 在窗口的菜单栏中选择【文件】→【关闭】命令。

◎ 按【Alt+F4】键。

3. 案例——打开、切换和关闭窗口

本例将打开"F盘"中的"通知.txt"文件进行查看，完成后关闭该文件。通过该案例的学习，进一步掌握打开、最大化、关闭和切换窗口的操作。

❶ 在桌面上双击"计算机"图标 ，打开"计算机"窗口。

❷ 双击"F盘"盘符，打开"F盘"窗口，单击窗口标题栏右侧的"最大化"按钮 □ 将其最大化显示。

❸ 在其中双击"通知.txt"文件（可拖动窗口右侧的垂直滚动条查找，若没有该文件，则选择任意文件进行练习），如图1-42所示。

❹ 此时将打开一个记事本窗口，从中可以查看"通知.txt"文件的内容，如图1-43所示，查看后单击该窗口标题栏右侧的"关闭"按钮 ✕ 关闭该窗口。

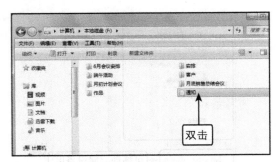

图1-42 双击文件

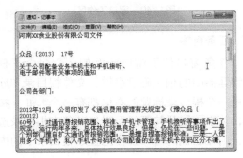

图1-43 打开文件

试一试

在"计算机"窗口，试着调整其大小。

1.1.6 认识Windows 7对话框与菜单

对话框是一种特殊的窗口，当执行某个特定操作或选择右边带省略号的菜单命令时，系统将打开一个对话框，要求提供进一步的设置信息。因此，在某种程度上可以把对话框看作是某个操作的详细设置场所。

1. 认识对话框

Windows 7中有各种形式的对话框，每个对话框都针对特定的任务或操作。对话框中有许多按钮和选项，不同的设置参数有不同的作用，下面介绍对话框中各个组成部分的名称和作用。

选项卡

当对话框的内容很多时，Windows 7将按类别把这些内容分成几个选项卡，每个选项卡都有一个名称，并依次排列在一起，图1-44所示的对话框中就有"常规""查看""搜索"

选项卡，单击其中一个选项卡，将会显示出相应的设置参数。

图1-44　"文件夹选项"对话框

✏ **复选框**

复选框用来表示是否选中该选项，如 ▢ 使用复选框以选择项就是一个复选框。当复选框被选中时，方框内将出现一个"√"标记；未被选中时，方框为空。若要选中或取消中某个复选框，只需单击它前面的方框即可。

✏ **单选项**

单选项前有一个小圆圈，如 ◉ 在视图中选择键入项就是一个单选项。当选中单选项时，在小圆圈内将出现一个黑点；当未选中单选项时，小圆圈为空。Windows通常将多个单选项划分成一组，当选中该组中的一个单选项时，其他单选项将自动设置为未选中状态（这一点与复选框不同，复选框可以多选，而单选项不能）。

✏ **数值框**

在数值框的右侧都有一个"调整"按钮 ⬍，可以直接在数值框中输入数值，也可单击"调整"按钮⬍的向上箭头来增加数值或单击向下箭头来减小数值。

✏ **下拉列表框**

在下拉列表框的右侧通常有一个下拉按钮 ▾，单击该按钮，将弹出一个下拉列表，从中可以选择所需的选项。

✏ **列表框**

列表框与下拉列表框的不同之处在于列表

框一般将各种选项都显示在其中了。

✏ **按钮**

按钮的外形为一个矩形块，其上显示的文本是该按钮的名称。单击某一命令按钮，表示将执行相应的操作，如单击 确定 按钮表示执行设置的操作，单击 取消 按钮表示放弃所设置的操作。有些命令按钮带有省略号，如 制表位(T)... 按钮，表示单击该按钮后，将打开另一个对话框。

✏ **文本框**

文本框是输入文字的方框。如果文本中已有默认的文字，可删除已有文本重新输入。

2. 认识菜单

在Windows 7中，菜单是执行各种操作的重要途径，因此要学习Windows 7，菜单的基本操作显得尤为重要。Windows 7中的菜单主要分为"开始"菜单、窗口菜单命令和快捷菜单，图1-45所示即为"计算机"窗口中的"查看"菜单。

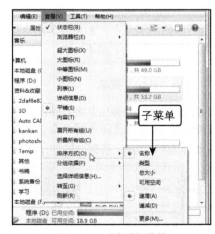

图1-45　"查看"菜单

在菜单中有一些符号标记，它们分别代表不同的含义，了解这些符号标记的含义对于使用不同的菜单命令很有帮助，下面分别对其进行介绍。

◎　**分隔线**：有些菜单命令之间有分隔线，它将整个菜单中的命令分为若干命令组。同一组中命令的功能往往比较接近或相似。

◎ **字母标记**：菜单项后的字母标记表示按【Alt+字母对应的键】可以弹出相应的菜单，如按【Alt+V】键，将弹出"查看"菜单；部分菜单命令后的组合键表示按该组合键可以执行相应的命令，如按【Ctrl+C】键，将执行复制操作。

◎ **省略号标记**：某些命令后带有省略号标记，表示选择这类菜单命令时，将打开一个对话框。

◎ **向右箭头标记**：如果菜单命令右侧带有▶标记，表示选择该菜单命令时将弹出一个子菜单。如单击"查看"下拉菜单中的"排序方式"命令，将弹出子菜单。

◎ **勾标记**：如果菜单命令的左侧有一个复选标记✓，选择它可以选中或取消操作，如在"查看"菜单中单击"状态栏"取消✓标记，在窗口中将不显示状态栏。

◎ **圆点标记**：如果菜单命令左侧有一个●标记，它表示当前选择的是一组菜单命令中的排它性命令。

> 提示：在正常情况下，菜单命令呈黑色，表示可以使用该命令。如果菜单命令呈灰色显，则表示此命令当前不可用。

3. 使用"开始"菜单

单击●按钮，将弹出如图1-46所示的"开始"菜单，在其中可选择各种命令。"开始"菜单主要分为8个部分，各部分的作用如下。

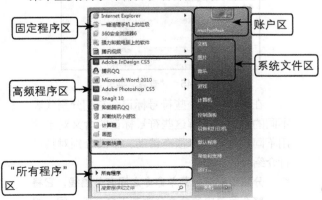

图1-46 "开始"菜单

◎ **账户区**：显示当前账户头像及名称，单击账户头像，可在打开的窗口中对账户进行各种设置，如更改名称、头像，设置密码等。

◎ **固定程序区**：该区域中的程序是固定不变的，可将常用程序命令移至其中。

◎ **高频程序区**：Windows 7会自动将使用频率最高的前几个程序命令显示在这个区域。

◎ **"所有程序"区**：将鼠标指针移到"所有程序"命令上，会弹出其子菜单，其中包含了所有安装在电脑上以及Windows 7自带的各种程序命令。

◎ **系统文件区**：包括"文档""图片""音乐"和"计算机"等安装Windows XP后自动生成的文件夹。

◎ **设置区**：通过选择其中的命令可对系统进行各种设置。

◎ **帮助区**：通过选择其中的命令可了解Windows 7或查找文件。

◎ **关闭区**：用于关闭、重启、注销电脑等操作。

4. 案例——使用"开始"菜单启动程序

本例将通过"开始"菜单启动Word 2010，其具体操作如下。

❶ 单击●按钮，在弹出的菜单中选择"所有程序"选项，在列表中将显示电脑中所有安装了的应用程序。

❷ 单击"Microsoft Office"文件夹，在展开的子目录中选择"Microsoft Word 2010"选项，如图1-47所示，即可启动Word 2010程序。

图1-47 启动程序

试一试

通过"开始"菜单启动"纸牌"游戏。

1.2 上机实战

本课上机实战练习启动电脑并进行个性化设置，然后使用鼠标启动和退出程序等操作，综合复习本课学习的知识点。

上机目标：

◎ 熟练掌握打开窗口、切换窗口和关闭窗口。

◎ 熟练掌握菜单和右键菜单的使用方法。

◎ 熟悉鼠标的使用方法。

建议上机学时：1学时。

1.2.1 启动电脑并进行个性化设置

1. 操作要求

本例要求首先启动电脑，然后进入Windows 7操作系统，最后设置个性化主题，具体操作要求如下。

◎ 启动电脑进入Windows 7操作系统。

◎ 打开"个性化"窗口，在其中分别设置桌面背景、窗口颜色、声音、屏幕保护程序等。

◎ 设置完成后将该主题保存，以便于下次使用。

2. 操作思路

根据上面的操作要求，本例的操作思路如图1-48所示。

演示\第1课\启动电脑并进行个性化设置.swf

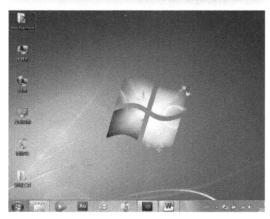

（a）进入Windows 7操作系统

图1-48 启动电脑进行个性化设置的操作思路

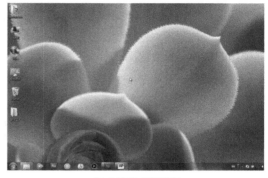

（b）更改桌面背景

图1-48 启动电脑进行个性化设置的操作思路（续）

❶ 接通电脑电源，然后按开机键启动电脑，进入Windows 7操作系统。

❷ 单击鼠标右键，在弹出的快捷菜单中选择"个性化"命令，打开"个性化"窗口。

❸ 在该窗口中单击对应的超链接进行个性化设置，完成后查看效果。

1.2.2 使用鼠标启动和退出程序

1. 操作要求

本例要求使用鼠标的相关操作来启动并退出应用程序，具体操作要求如下。

◎ 通过桌面快捷程序启动应用程序。

◎ 使用鼠标单击程序右上角的 ██ 按钮退出程序。

2. 操作思路

演示\第1课\使用鼠标启动和退出程序.swf

❶ 使用鼠标双击桌面的程序图标。

❷ 等待片刻后即可进入启动的应用程序界面，使用鼠标单击程序右上角的 ▨ 按钮即可退出程序。

1.3 常见疑难解析

问：为什么桌面上一个图标都没有显示呢，而且按照书中的讲解添加图标也没有反应？

答：可能是桌面图标被全部隐藏了，解决的方法是在桌面空白区域单击鼠标右键，在弹出的快捷菜单中选择【排列图标】→【显示图标】命令，便可显示桌面图标。

问：有些电脑桌面上的系统图标样式与我的不一样，怎样更换图标样式呢？

答：大部分用户使用的都是默认图标样式，如果要更改，可以在桌面空白区域单击鼠标右键，在弹出的快捷菜单中选择"个性化"命令，在打开的窗口左侧单击"更改桌面图标"超链接，在打开的对话框中单击 更改图标(H)... 按钮，然后在打开的对话框中选择需要的图标进行更改即可。

1.4 课后练习

（1）尝试在不同的电脑上（台式机与笔记本电脑）练习Windows 7操作系统的启动与退出。

（2）观察桌面上有哪些图标，分别双击各个图标，查看其内容。

（3）取消桌面图标自动排列功能，然后自定义排列其位置。

（4）为Windows 7常用的程序创建桌面快捷方式图标。

（5）打开"计算机"窗口，分别查看各个磁盘下的内容，并练习菜单栏、地址栏和任务窗格的使用。

（6）若电脑中有自己的照片，选择其中的一张，将其设置为桌面背景。

（7）在"个性化"窗口中自定义多张图片为桌面背景，窗口颜色为粉红色，启用Aero透明效果，屏幕保护程序为"气泡"。

演示\第1课\启动与退出Windows 7.swf、设置桌面.swf、操作窗口.swf

第 2 课
电脑打字

学生：老师，既然要使用电脑进行文秘办公，那么要如何来完成日常工作中的任务呢？

老师：首先需要学习汉字的输入，使用电脑打字来快速完成日常工作中文字的编辑等。

学生：那怎样才能提高打字速度？

老师：别急，下面就教你使用正确的打字方法，掌握方法后不仅可以提高打字速度，还能减小出现错字和别字的概率。对了，你用的是什么输入法？

学生：拼音输入法。

老师：嗯，不管用拼音输入法还是五笔字型输入法，关键是要把打字速度和正确率提高，这样才能提高工作效率。

学生：好的，我一定多加练习！

学习目标

▶ 了解键盘与指法操作

▶ 安装和设置中文输入法

▶ 准备在电脑中输入汉字

▶ 使用拼音输入法

▶ 使用五笔输入法

2.1 课堂讲解

本课堂主要讲述键盘与指法、安装和设置中文输入法、准备进行电脑打字、使用拼音输入法和五笔字型输入法等知识。在学习前，应认识到输入法在电脑操作中的重要性，并根据自身实际情况，结合本课介绍的知识，找到适合自己的中文输入法，以提高打字速度和准确率。

2.1.1 键盘与指法

键盘是重要的电脑输入设备，键盘和鼠标结合使用可以完成大部分输入指令。熟悉与掌握键盘是输入文字的基本前提，下面便对键盘的结构以及打字时的指法分工和击键方法等进行详细讲解。

1. 认识键盘结构

一般来说，可将键盘（以目前最常见的键盘为例）上的所有按键和指示灯分成5个区：功能键区、主键盘区、编辑键区、小键盘区和指示灯区，如图2-1所示。

图2-1 键盘的结构

功能键区

功能键区位于键盘的顶端，包括【Esc】键、【F1】~【F12】键、【Power】键、【Sleep】键和【Wake up】键。各按键的作用介绍如下。

◎ 【Esc】：主要用于退出程序、撤销等。

◎ 【F1】~【F12】：这些功能键随程序的不同作用也会发生变化，但一般来说，【F1】键可用于获取相应程序的帮助信息，【F12】键用于另存程序生成的文件。

◎ 【Power】：使电脑关机。

◎ 【Sleep】：使电脑进入睡眠状态。

◎ 【Wake up】：使电脑从睡眠状态转为正常运行状态。

主键盘区

主键盘区是使用最频繁的区域，主要由字母键、双档字符、控制键、特殊键构成。各按键的作用如下。

◎ **字母键**：其上标有A~Z大写字母的键位，正常情况下按字母键输入对应的小写字母。

◎ **控制键**：包括两个【Ctrl】键、两个【Shift】键和两个【Alt】键，单独按这些键位不会有什么作用，但与其他键位或鼠标结合使用就会具有很大的功能。

◎ **双档字符键**：指有上下两个字符的键位，这些键主要用于输入标点符号、数字和特殊符号等。正常情况下按这些键位将输入下档字符，在按住【Shift】键的同时按这些键位则会输入上档字符。

◎ 【Back Space】键：常用于删除字符。

◎ 【Tab】键：也称跳格键，按一次该键将使光标插入点移动一定的距离，使输入的字符上下对齐。

◎ 【Caps Lock】键：也称大写字母锁定键，按一次该键将使指示灯区中的第2个灯位点亮，此时按字母键将输入相应的大写字母。

◎ 【Enter】键：也称回车键，用于确认操作和字符换行，是使用率较高的键位之一。

◎ 【Space】键：也称空格键，是键盘上唯一没有字符的键位。有时其作用相当于【Enter】键，可以确认操作。在输入字符时主要用于输入空格。

◎ Win键：在键盘上该键位有两个，其上一般印有Windows的标志图形，按一次该键将弹出"开始"菜单，作用相当于单击 ⊞ 按钮。

◎ 快捷菜单键：其上一个菜单和鼠标指针的标记，按下该键将弹出快捷菜单，作用相当于单击鼠标右键。

编辑键区

编辑键区的键位主要用于输入字符时控制光标插入点的位置。各按键的作用如下。

◎ 【Print Screen Sys Rq】键：也称屏幕复制键，按一次可将当前整个屏幕的内容以图片形式复制到剪贴板，按【Ctrl+V】键可将剪贴板中的图片粘贴到Word文档等文件中使用。

◎ 【Insert】键：也称插入键，在Word中用于在插入和改写状态之间切换。处于插入状态时，在光标插入点处输入字符，插入点右侧的内容右移；处于改写状态时，在光标插入点处输入的字符将自动替换原来插入点右侧的内容。

◎ 【Delete】键：也称删除键，用于删除所选对象，包括文件和字符等。

◎ 【Scroll Lock】键：也称屏幕锁定键，在自动滚屏显示时按该键可停止屏幕的滚动。

◎ 【Home】键：在文档编辑软件中，按一次该键光标插入点将快速移至当前行的行首。

◎ 【End】键：在文档编辑软件中，按一次该键光标插入点将快速移至当前行的行尾。

◎ 【Pause Break】键：也称暂停键，在电脑启动自检过程中按一次该键可使当前屏幕上显示的信息暂停。

◎ 【Page Up】键：也称向前翻页键。在文档编辑软件中按一次该键可以翻至当前光标插入点所在页面的上一页。

◎ 【Page Down】键：也称向后翻页键。在文档编辑软件中按一次该键可以翻至当前光标插入点所在页面的下一页。

◎ 【↑】、【↓】、【←】、【→】键：统称方向键，在文档编辑软件中用于控制光标插入点的位置。

小键盘区

小键盘区常用于快速输入数字和控制文档编辑软件中的光标插入点。小键盘区中的大部分键位都是双档字符键，在正常情况下，按该区域中的键位将输入该键位的下档字符，若按下【Num Lock】键使指示灯区的第1个灯位点亮时，按该区域中的键位将输入该键位的上档字符。

指示灯区

指示灯区包括【Num Lock】、【Caps Lock】和【Scroll Lock】3个指示灯，从左至右分别用于指示小键盘输入状态、大小写锁定状态及滚屏锁定状态。

2. 键盘的指法分工

键盘上的【A】、【S】、【D】、【F】、【J】、【K】、【L】和【;】按键称为基准键位，如图2-2所示。所谓基准键位，是指使用键盘时，双手除大拇指之外的其余8根手指的放置位置。【F】键和【J】键上各有一个凸起的小横杠（用手指接触可以感觉到），这是两根食指的定位点，其余手指依次放在其他基准键位上。

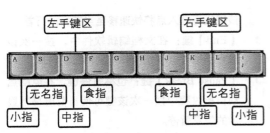

图2-2　基准键位分布

有了基准键位，就可以为各个手指划分控制区域了，这样做有利于提高输入字符的速度和准确率。可能刚开始练习键盘输入时会不习惯，速度也很慢，但只要坚持以基准键位和指法分工为指导，通过大量反复练习就可以熟悉键盘操作了。图2-3所示即为键盘分区，如左手小指控制的键盘区域从上至下分别为【1】、【Q】、【A】和【Z】键，以此类推。

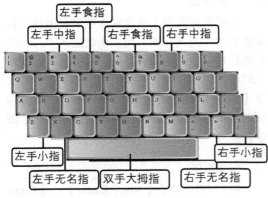

图2-3　指法分工

3. 击键方法

击键时，要找准键位所在区域，用负责该区域键位的手指轻轻按下并快速弹起即完成一次击键操作，击键后手指应马上回到相应的基准键位，准备下一次击键操作。

下面列出了一些使用键盘的正确做法，以供参考。

◎ 眼与显示器距离约为30~40cm，且显示器中心应与水平视线保持15°~20°的夹角。

◎ 不应长时间盯着屏幕，以免损伤眼睛。

◎ 身体坐正，与键盘的距离保持在20cm左右。全身放松，双手自然放在键盘上，腰部挺直，上身微前倾。

◎ 坐椅高度应与电脑键盘、显示器的放置高度相适应。一般以双手自然垂放在键盘上时，肘关节略高于手腕为宜。

4. 案例——在记事本中练习字符输入

初次使用键盘，输入字符的速度肯定不会很快，此时应将注意力放在正确使用键盘上，按指法分区和基准键位的规则来输入字符。下面将启动Windows 7自带的记事本程序，在其中输入字符"Book：P156"，练习正确使用键盘进行输入的方法，其具体操作如下。

❶ 选择【开始】→【所有程序】→【附件】→【记事本】命令，启动记事本程序。

❷ 将双手各手指放在相应的基准键位和空格键上，用左手小指按【Caps Lock】键并迅速返回【A】键上。

❸ 此时指示灯区的大小写锁定状态指示灯点亮，用左手食指按【B】键，并迅速返回【F】键上，此时记事本中输入了大写字母"B"，如图2-4所示。

图2-4　输入大写字母

❹ 再次用左手小指按【Caps Lock】键并迅速返回到【A】键上，使大小写锁定状态指示灯熄灭。

❺ 用右手无名指按两次【O】键，并迅速返回【L】键上，此时记事本中输入小写字母"oo"，如图2-5所示。

图2-5　输入小写字母

❻ 使用右手中指按【K】键，输入"k"，用右手的手指按住右侧的【Shift】键，接着用右手食指按【;】键，输入"："，如图2-6所示。

图2-6　输入其他字符

❼　继续输入"P"字符，然后用右手在小键盘区
　　输入"156"，完成操作，如图2-7所示。

图2-7　输入数字

⏱ 试一试

　　在上面案例中输入大写字母"B"时，试试
用【Shift】键来完成大写字母的输入。

2.1.2　安装和设置中文输入法

　　Windows 7中自带了一些中英文输入法，
用户也可以根据实际需要安装其他中文输入
法。本节将主要对中文输入法的管理和安装等
知识进行介绍。

1.　添加或删除系统自带的中文输入法

　　对于不需要使用的输入法，可将其删除，
以后需要使用时再重新添加至输入法列表中即
可。下面以删除"全拼输入法"并添加"微软
拼音"为例进行介绍。

❶　在语言栏的▨图标上单击鼠标右键，在弹出
　　的快捷菜单中选择"设置"命令。

❷　打开"文本服务和输入语言"对话框，单击
　　"常规"选项卡，在"已安装的服务"栏的
　　列表框中选择"简体中文全拼"选项，如图
　　2-8所示。

图2-8　选择需删除的输入法

❸　单击 删除(R) 按钮，此时"已安装的服
　　务"栏的列表框中原有的"简体中文全拼"
　　选项便消失了，如图2-9所示。

图2-9　删除输入法后的效果

❹　单击 添加(D)... 按钮，打开"添加输入语
　　言"对话框，在其中的下拉列表框中选中
　　"中文（简体）—微软拼音"复选框，单击
　　确定 按钮，如图2-10所示。

图2-10　选择需添加的输入法

❺　返回"文本服务和输入语言"对话框，单击
　　确定 按钮。在语言栏的▨图标上单击鼠
　　标，可在弹出的输入法列表中查看当前添加
　　的输入法，如图2-11所示。

图2-11　显示当前添加的输入法

2.　安装其他中文输入法

　　目前广受欢迎的中文输入法有紫光华宇拼
音输入法、搜狗拼音输入法、极品五笔字型输

入法和万能五笔字型输入法等。这些输入法非Windows 7系统自带，在使用前需将它们安装到电脑中。下面以安装搜狗拼音输入法为例进行讲解。

❶ 在搜狗拼音输入法的官方网站（pinyin.sogou.com）获取该输入法的安装程序，然后双击获取的安装程序，打开如图2-12所示的安装向导对话框，默认选中"同意协议"复选框，单击 自定义安装 按钮。

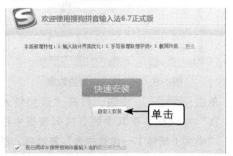

图2-12　选择安装方式

❷ 打开选择安装位置的对话框，保持默认路径不变，单击 安装 按钮，如图2-13所示。

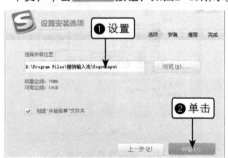

图2-13　设置安装路径

❸ 稍后将打开显示安装进度的对话框，如图2-14所示。

图2-14　显示安装进度

❹ 取消选中"安装搜狗高速浏览器并设为默认"复选框，单击 下一步 按钮，如图2-15所示。

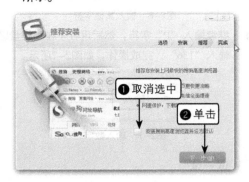

图2-15　设置安装组件

❺ 在打开的对话框中取消选中所有的复选框，单击 完成 按钮完成安装，如图2-16所示。

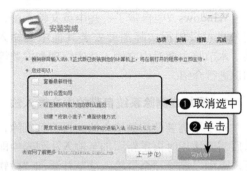

图2-16　完成安装

3. 设置默认的输入法

通过操作，可将常用的输入法设置为默认的输入法，以便更方便、更快捷地切换输入法。下面以搜狗拼音输入法为例，介绍设置默认输入法的方法。

❶ 在语言栏的 图标上单击鼠标右键，在弹出的快捷菜单中选择"设置"命令。

❷ 打开"文本服务和输入语言"对话框，单击"常规"选项卡，在"默认输入语言"栏的下拉列表框中选择"搜狗拼音输入法"选项，如图2-17所示。

❸ 单击 确定 按钮，即可应用设置。

图2-17　设置默认的输入法

4. 案例——安装和设置五笔字型输入法

五笔字型输入法也是目前比较常用的输入法之一，下面在电脑中安装万能五笔字型输入法，并将其设置为默认输入法。练习如何安装非Windows 7系统自带的输入法以及设置输入法。

❶ 在万能五笔字型输入法的官方网站（www.wnwb.com）获取该输入法的安装程序，然后双击获取的安装程序，打开欢迎对话框，单击 下一步(N) > 按钮。

❷ 在打开的"许可证协议"对话框中询问是否同意协议，在阅读相关协议内容后单击 我同意(I) 按钮，如图2-18所示。

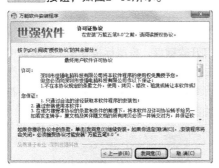

图2-18　同意安装协议

❸ 在打开的"选择组件"对话框中仅单击选中"万能五笔内置版"复选框，单击 下一步(N) > 按钮。

❹ 在打开的对话框中取消选中"安装百度工具栏"复选框，单击 下一步(N) > 按钮。

❺ 打开的对话框中可选择安装方式，直接单击

下一步(N) > 按钮，打开"选择安装文件夹"对话框，在其中设置安装位置，取消选中不需要的复选框，如图2-19所示。

图2-19　设置安装位置

❻ 单击 安装(I) 按钮，在打开的对话框中将显示安装进度，单击 完成(F) 按钮即可，如图2-20所示。

图2-20　完成安装

❼ 在"语言栏"的 ■ 图标上单击鼠标右键，在弹出的快捷菜单中选择"设置"命令。打开"文本服务和输入语言"对话框，在"默认输入语言"栏的下拉列表框中选择"中文（简体）-万能五笔内置输入法"选项，单击 确定 按钮完成设置。

试一试

将刚安装的万能五笔字型输入法的切换快捷键设置为"Ctrl+Shift+4"。

2.1.3　准备在电脑中输入汉字

在使用中文输入法进行中文输入之前，还需了解关于输入法的选择与切换、输入法状态条的作用以及中文输入练习的场所等知识。

1. 选择与切换输入法

在Windows 7中选择与切换输入法的常用方法有以下3种。

◎ 单击 图标，在弹出的下拉菜单中选择所需输入法对应的选项即可将其切换为当前输入法。

◎ 按【Ctrl+Shift】键可在多个输入法之间进行切换。

◎ 按【Ctrl+Space】键可在中文输入法和英文输入法之间进行切换。

2. 认识输入法状态条

选择某种中文输入法后，同时打开对应的输入法状态条，图2-21所示即为选择搜狗拼音输入法后打开的状态条，其中各按钮的作用如下。

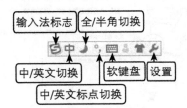

图2-21 搜狗拼音输入法状态条

◎ 中按钮：用于中英文切换，单击后变为英按钮，此时可进行英文输入，再次单击将切换到中文输入状态。

◎ ☽按钮：用于全半角状态切换，单击后变为●按钮，此时输入的数字和符号均占一个汉字的位置。

◎ ，按钮：用于中英文标点符号的切换，单击后变为 ，按钮，此时可进行英文标点符号的输入。

◎ 按钮：用于软键盘打开与关闭的切换，单击它可打开软键盘并进行特殊符号的输入，再次单击该按钮可关闭软键盘。

3. 准备打字练习场所

练习打字的场所有很多，用户可以根据习惯，启动合适的软件练习打字。常见的打字练习软件有记事本、写字板、Word等。图2-22所

示为记事本程序窗口，其中光标插入点的位置便是输入文本的起始位置。

图2-22 记事本程序窗口

4. 案例——使用软键盘输入特殊字符

在实际工作中，常常会遇到许多通过键盘无法输入的特殊字符，这时就可使用软键盘。本例将在记事本程序中利用软键盘来输入各种特殊字符。

❶ 单击 按钮，选择【所有程序】→【附件】→【记事本】命令，启动记事本程序，按【Ctrl+Shift】键切换至搜狗拼音输入法。

❷ 在搜狗拼音输入法状态条的 按钮单击鼠标右键，在弹出的快捷菜单中选择"特殊符号"命令，如图2-23所示。

图2-23 选择命令

❸ 打开软键盘，将鼠标指针移至软键盘中黑色三角形所在的键位，当鼠标指针变为 形状时单击鼠标，即可输入黑色三角形的符号，如图2-24所示。

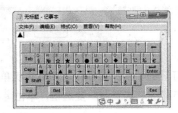

图2-24 单击键位

❹ 黑色五角星所在键位的名称为"R"，直接按软键盘上的【R】键可输入黑色五角星，如图2-25所示。

❺ 在搜狗拼音输入法状态条的▦按钮上单击鼠标右键，在弹出的快捷菜单中选择"标点符号"命令。

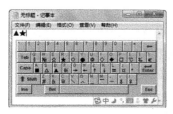

图2-25　按键盘上的键位

❻ 此时打开的软键盘中所有键位的符号变为标点符号，这里按键盘上的【J】和【K】键，输入软键盘上相应键位的标点符号，如图2-26所示。

图2-26　按键盘上的键位

❼ 继续在▦按钮上单击鼠标右键，在弹出的快捷菜单中选择"数字序号"命令。

❽ 打开软键盘，用鼠标单击软键盘中【Shift】键的键位，使其呈按下状态。

❾ 单击软键盘中【A】键的键位，此时由于软键盘的【Shift】键呈按下状态，因此将输入【A】键上的上档字符，如图2-27所示，且【Shift】键重新弹起。

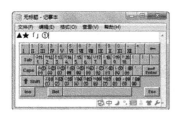

图2-27　按键盘上的键位

❿ 单击▦按钮关闭软键盘，完成操作。

⏱ 试一试

当打开的软键盘包含双档字符键时，试试按住键盘上的【Shift】键不放并用鼠标单击软键盘上的双档字符键，看能否输入该键位的上档字符。

🔅 2.1.4　使用拼音输入法

选择中文输入法后，在文字编辑软件中即可输入中文汉字。拼音输入法软件不同，其输入汉字的方法也有所区别。

1．拼音输入法的分类

拼音输入法有多种，可根据不同的需要和习惯选择合适的种类。下面介绍几种常见的拼音输入法。

✐ **微软拼音输入法**

微软拼音输入法是Windows 7操作系统自带的一款拼音输入法，它的输入方式比较简单。在键盘上按汉字拼音对应的键，在输入框中将出现汉字的拼音，同时打开选词框。此时按空格键将输入选词框中的第一个汉字，在主键盘区按汉字前对应数字所在的按键，可输入对应的汉字。

✐ **中文全拼输入法**

中文全拼输入法也是Windows 7操作系统自带的一款拼音输入法，它只支持中文全拼，如输入"办公"文本时，只有完全输入拼音"bangong"，按空格键后才能输入正确的汉字。在拼音"bangong"还未完全输入时，右侧的选字框中将出现所有符合已输入拼音的汉字，并在其后提示要输入该词或词组必须输入的其他拼音。

✐ **搜狗拼音输入法**

搜狗拼音输入法是目前使用率较高的一款中文汉字输入法，它不仅包含多种输入方法，如全拼、简拼、混拼等，还具有独特的记词功能。在拼音相同的情况下，使用频率较高的词或词组自动处于选词框的第一个位置，避免选词时按词组对应数字键的烦琐操作。除此之外，它还定期更新词汇，用户自定义功能，用户可根据习惯设置选词框词组数量、按键、词库等参数。

2. 拼音输入法的编码方式

拼音输入法以汉字拼音为编码，简单易学。下面以搜狗拼音输入法为例，介绍使用拼音输入法输入中文的方法。

全拼

全拼输入是指通过输入字词的所有拼音编码进行输入，这种方法可最大限度减小重码率，但由于键入的键位较多，对输入速度有一定影响。下面以输入"文秘"一词为例，介绍全拼输入方式的使用方法。

❶ 启动记事本程序，切换到搜狗拼音输入法，键入"文秘"一词的所有拼音编码"wenmi"，此时将弹出搜狗拼音输入法的选词框，其中需输入的词语"文秘"位于首位，如图2-28所示。

图2-28　输入拼音编码

❷ 按空格键即可输入该词，如图2-29所示。

图2-29　输入的词语

简拼

简拼输入是输入词语的声母编码进行输入的方式，这种方式因键入的键位少而提高了输入速度，但却增大了重码率。下面以输入"行政办公"为例，介绍这种输入方式的使用方法。

❶ 启动记事本程序，切换到搜狗拼音输入法，键入"行政办公"一词中的所有字声母"xzhbg"，此时将弹出搜狗拼音输入法的选词框，如图2-30所示。

图2-30　输入声母编码

❷ 由于当前的选词框中没有需要的词语，因此可按【.】键将选词框翻页，直到显示整个词语或部分字词，如图2-31所示。

图2-31　翻页显示词组

❸ 当部分词组出现在候选框中时，按对应的数字键，这里按【2】键，如图2-32所示。

图2-32　选择词组

❹ 使用相同的方法选择剩下的词组，完成输入，效果如图2-33所示。

图2-33　完成输入

混拼

混拼输入结合了全拼和简拼输入方式，因此兼具全拼方式的重码率小和简拼方式速度快的优点。

3. 使用金山打字通测试输入速度

要测试输入速度，可使用金山打字通2013软件测试打字正确率和打字速度等。

❶ 启动金山打字通2013软件，在主界面中单击 打字测试 按钮。

❷ 在打开的窗口中单击选中"拼音测试"单选项，定位光标插入点，按【Ctrl+Shift】键切换输入法，使当前输入法为"搜狗拼音输入法"状态。

❸ 利用全拼、简拼和混拼的编码方式，在软件中输入与文章对应的文本内容，窗口下方将显示当前测试的时间、速度、进度、正确率等信息。当前一页输入完成后，将自动跳转

到下一页，继续输入内容直到完成测试，如图2-34所示。

❹ 测试完成后将打开提示信息，提示测试日期等信息，关闭窗口退出软件即可。

图2-34　输入文本

试一试

使用微软拼音输入法在金山打字通中练习输入文章，观察是否可以提高打字速度。

2.1.5　使用五笔字型输入法

五笔字型输入法是根据汉字特有的结构创建而成的输入法，与拼音输入法相比，它有重码率低、不受方言影响等优点，但同时也存在需记忆的信息量大和不易上手的缺陷。

1. 汉字基础

由于五笔字型输入法是以汉字结构为依据，因此需对汉字层次和结构有一定的认识。

汉字的层次

五笔字型输入法将所有汉字划分为3个层次：笔画、字根和单字。

◎ **笔画**：即常说的横、竖、撇、捺、折，每个汉字都是由这5种笔画组合而成的。这5种笔画以笔画方向来划分，而不计笔画长短，如带转折的笔画都视为"折"，如"乙""フ"等。

◎ **字根**：是指由若干笔画复合交叉形成的相对不变的结构，它是构成汉字最重要、最基本的单位，如"讧"字，它是由"讠"和

"工"字根组成。

◎ **单字**：字根按一定的位置组合起来就成了有形状、有意义的单字，即汉字。由此可见，笔画构成字根，字根再构成汉字，它们是包含与被包含的关系。

汉字的结构

五笔字型输入法将所有汉字的结构分为左右型、上下型和杂合型3种。

◎ **左右型汉字**：指能拆分为左右两部分或左中右3部分的汉字，拆分出的每个部分都可以独立成为字根或多个字根的组合，如"好""仔""附""链""剖""甄""始""隐"等。

◎ **上下型汉字**：指能拆分成上下两部分或上中下3部分的汉字，拆分出的每个部分都可单独成为字根或多个字根的组成，如"杀""各""量""掌""帮""怒""符""资"等。

◎ **杂合型汉字**：指各组成部分之间没有明确的左右型或上下型关系，组成整字的各部分不能明显分隔为上下部分或左右部分的汉字，如"国""内""庞""电"等。

2. 五笔字根

五笔字根的键盘分布规则是以字根的首笔画代码属于哪一区为依据，如"王"字根的首笔画是横"一"，就归为横区，即第一区；"目"的首笔画是竖"丨"，就归为竖区，即第二区，以此类推。五笔字根键盘分布如图2-35所示。

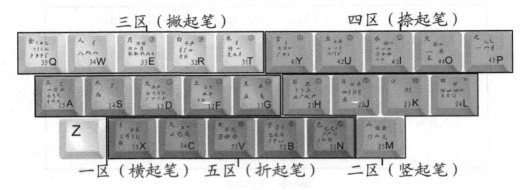

图2-35 五笔字根分布图

每个键位都由多个字根组成，每个键上的第一个字根称为键名汉字，为了便于记忆，通常将各字根联系起来组成25句字根口诀，如表2-1所示。

表2-1 五笔字根口诀一览表

键名	字根口诀	键名	字根口诀
1区		2区	
【G】键	王旁青头（兼）五一	【H】键	目具上止卜虎皮
【F】键	土士二干十寸雨	【J】键	日早两竖与虫依
【D】键	大犬三羊古石厂	【K】键	口与川，字根稀
【S】键	木丁西	【L】键	田甲方框四车力
【A】键	工戈草头右框七	【M】键	山由贝，下框骨头几
3区		4区	
【T】键	禾竹一撇双人立，反文条头共三一	【Y】键	言文方广在四一，高头一捺谁人去
【R】键	白手看头三二斤	【U】键	立辛两点六门病
【E】键	月乡（衫）乃用家衣底	【I】键	水旁兴头小倒立
【W】键	人和八，三四里	【O】键	火业头，四点米
【Q】键	金勾缺点无尾鱼，犬旁留义儿一点夕，氏无七（妻）	【P】键	之宝盖，摘礻（示）衤（衣）

键名	字根口诀	键名	字根口诀
5区			
【N】键	已半巳满不出己，左框折尸心和羽	【C】键	又巴马，丢矢矣
【B】键	子耳了也框向上	【X】键	慈母无心弓和匕，幼无力
【V】键	女刀九臼山朝西		

3. 汉字的拆分

五笔字型输入法对汉字拆分有以下几个原则。

◎ **书写顺序**：即按照汉字的书写顺序进行拆分，如从左到右，从上到下，从外到内。

◎ **取大优先**：即尽量使拆分出的字根笔画最多，如"夫"字应拆分为"二、人"，而不应拆分为"一、一、人"。

◎ **能散不连**：即若能将汉字拆分成"散"结构的字根就不拆分成"连"结构的字根，如"午"字应拆分为"⺈、十"（散），而不应拆分为"丿、干"（连）。

◎ **能连不交**：即若能将汉字拆分成相互连接的字根就不拆分成相互交叉的字根，如"天"字应拆分为"一、大"（连），而不应拆分为"二、人"（交）。

◎ **兼顾直观**：即拆分出来的字根要符合人们的直观感觉，如"丰"字应拆分为"三、丨"，而不应拆分为"二、十"。

4. 输入汉字

在使用五笔字型输入法之前，还需了解末笔字型交叉识别码的知识。所谓末笔字型交叉识别码，它分为"末笔识别码"和"字型识别码"两部分，末笔识别码指汉字最后一笔画的代码，若最后一笔为横，则代码为"1"；字型识别码指汉字字型的代码，即左右型为"1"，上下型为"2"，杂合型为"3"。

输入单个汉字

要输入某个汉字时，应先将汉字按照拆分原则拆分成字根，再依次按字根对应的键进行输入即可。单个汉字的输入主要包括成字字根的输入、键名的输入和一般单字的输入等。

◎ **成字字根汉字的输入**：成字字根是指五笔字型字根中完整的汉字。其输入方法为：先按一次该字根所在的键位，然后按字根的书写顺序，依次按它的第一、第二和最末一个单笔画所在的键位。

◎ **键名汉字的输入**：键名汉字是指排在键位字根首位的汉字。其输入方法为：连续按4次所在键位即可，如连续按4次【S】键即可输入"木"。

◎ **一般单字的输入**：取该汉字的第一、二、三和末笔4个字根。例如，要输入"输"字，先按拆分规则将其拆分为"车、人、一、刂"4个字根，再依次按这4个字根所在的【L】、【W】、【G】和【J】键即可。若需输入的汉字拆分出来不足4个字根，则可能出现重码情况，此时即可根据该字对应的末笔字型交叉码表输入对应的键位，当加了交叉码之后仍不足4码时，则可按空格键代替，如"码"字，编码为"DCG"。

输入词组

通过五笔字型输入法的词组输入功能，可以一次性输入一个词组。无论该词组中包含多少个汉字，最多只取4码。其输入方法分为以下几种情况。

◎ **双字词组**：其取码方法为分别取第一个和第二个汉字的前两码，共4码组成词组编码。例如，输入词组"教程"，则分别取这两个字的前两个字根"土、丿"和"禾、口"，编码为"FTTK"。

◎ **三字词组**：其取码方法为分别取前两个汉字的第一码，再取第三个汉字的前两码。例如，输入"奥运会"，则取前两个汉字的第一个字根"丿"和"二"，再取第三个汉字的前两个字根"人、二"，编码为"TFWF"。

◎ **四字词组**：其取码方法为分别取每个字的第一码。例如，输入词组"熟能生巧"，则各取每个字的第一码"亠、厶、丿、工"，编码为"YCTA"。

◎ **多字词组**：其取码方法为取前3个字的第一码和最后一个字的第一码。例如，输入词组"中央电视台"，则分别取"中"、"央"、"电"和"台"字的第一码"口、门、曰、厶"，编码为"KMJC"。

5. 案例——输入"工作计划"文档内容

本例将使用五笔字型输入法输入"工作计划"。通过本例的练习，在熟悉使用五笔字型输入法输入汉字的同时，练习该输入法的使用思路，如何时以词组方式输入或以单字输入等。

❶ 启动写字板程序，切换到五笔字型输入法，单击"居中"按钮▤，调整光标插入点的位置。

❷ 需输入的标题"工作计划"为四字词组，分别输入这4个字的第一码对应的键位"AWYA"，此时五笔字型输入法的选词框中将出现所需的词语，如图2-36所示。

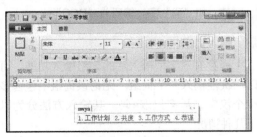

图2-36 输入编码

❸ 该词语处在选词框的第1位，因此直接按空格键输入。接着按【Enter】键使光标插入点换行，并单击▤按钮调整插入点位置。

❹ 输入第一个工作任务的编号"一、"，直接按【G】键，出现的选词框中可以发现"一"处在第1位，如图2-37所示。

图2-37 输入编码

❺ 按空格键输入"一"，然后按【\】键输入顿号"、"。

❻ 使用相同的方法输入其他文本，效果如图2-38所示。

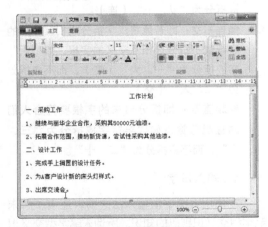

图2-38 完成工作计划的输入

⏱ 试一试

在输入上述案例中的文字时，适时地切换成拼音输入法交替输入汉字，体会两种输入法的优缺点，并为自己选择一种适合的输入法。

2.2 上机实战

本课上机实战要求在记事本中输入"通知"文档,并使用金山打字通练习五笔字型输入法,以此巩固本课所讲的知识。在上机过程中,应明确上机目标,根据操作要求和思路进行练习。

上机目标:

◎ **掌握搜狗拼音输入法的使用。**

◎ **了解金山打字通的使用方法。**

◎ **熟悉使用五笔字型输入法输入汉字。**

建议上机学时:1学时。

2.2.1 在记事本中输入"通知"文档的内容

1. 操作要求

本例要求在记事本程序中输入一则"通知",具体操作要求如下。

◎ 启动记事本程序,切换至搜狗拼音输入法,使用软键盘输入"▲"。

◎ 使用搜狗拼音输入法输入通知标题"紧急通知"。

◎ 输入通知的具体内容。

◎ 输入落款"飓风物业"和日期"2013.7.5",并调整文本位置。

2. 操作思路

根据上面的操作要求,本例的操作思路如图2-39所示。需注意的是,在进行上机操作时,应在确保输入正确的前提下,尽量提高输入速度,养成良好的输入习惯。

 演示\第1课\在记事本中输入"通知"文档.swf

(a)输入特殊符号

(b)输入标题

图2-39 输入通知的操作思路

(c)输入通知内容

(d)输入落款和日期

图2-39 输入通知的操作思路(续)

❶ 启动记事本程序,将输入法切换为搜狗拼音输入法。

❷ 将光标插入点定位在居中位置,然后通过搜狗拼音输入法的"特殊符号"类型的软键盘输入"▲"。

❸ 输入通知标题和特殊符号"▲"。

❹ 换行,并按4次空格键调整插入点位置,然后结合搜狗拼音输入法的全拼输入、简拼输入和混拼输入等方式输入通知的具体内容。

❺ 调整光标插入点位置,输入落款和日期。

2.2.2 用金山打字通练习五笔打字

1. 操作要求

本例将使用金山打字通练习五笔打字。金山打字通是专门为初学打字的用户设计的打字练习软件。具体操作要求如下。

◎ 安装金山打字通后，启动该程序，进入五笔打字练习场景。

◎ 进行字根输入练习。

◎ 进行单字输入练习。

◎ 进行文章输入练习。

2．操作思路

 演示\第1课\用金山打字通练习五笔打字.swf

❶ 单击 按钮，选择【所有程序】→【金山打字通2013】→【金山打字通2013】命令，启动金山打字通。

❷ 输入新的用户名称，并以该名称登录，关闭打开的"学前测试"对话框。

❸ 单击左侧的"五笔打字"按钮。进入字根练习环境，对照出现的字根进行输入练习。

❹ 熟悉字根后单击"单字练习"按钮，对照出现的单字进行输入练习。

❺ 熟悉词组后单击"文章练习"按钮，对照出现的文章进行输入练习。

❻ 单击窗口右上角的"关闭"按钮 退出程序。

2.3 常见疑难解析

问：听说五笔字型输入法有一级简码、二级简码，这些是什么意思呢？

答：五笔字型输入法按照汉字使用频率的高低，对一些常用汉字制定了一级简码、二级简码和三级简码规则，即只需按该汉字的前边一个、两个或3个字根所在的键，再按空格键即可输入汉字，从而大大提高输入速度。

问：遇到不会打的汉字怎么办？

答：初学五笔输入法，难免遇到不会打的汉字，此时可使用具有拼音反查和五笔编码提示功能的五笔输入法，如万能五笔输入法。当使用五笔输入法打不出所需汉字时，可打出汉字的拼音，在选词框中查看对应的五笔编码后，再使用五笔输入。

2.4 课后练习

（1）将电脑上不需要的输入法删除，安装适合自己的输入法，如搜狗拼音输入法、万能五笔输入法等。

（2）将自己常用的输入法设置为默认输入法，切换快捷键为【Ctrl+Shift+1】。

（3）启动记事本程序，用自己常用的输入法输入下面的文字片段。

我轻轻地扣着板门，发出清脆的"咚咚"声，刚才那个小姑娘出来开了门，抬头看了我，先愣了一下，后来就微笑了，招手叫我进去。这屋子很小很黑，靠墙的板铺上，她的妈妈闭着眼平躺着，大约是睡着了，被头上有斑斑的血痕，她的脸向里侧着，只看见她脸上的乱发，和脑后的一个大髻。门边一个小炭炉，上面放着一个小沙锅，微微地冒着热气。

（4）安装金山打字通2013，练习拼音打字和五笔打字，并分别测试打字速度。

 演示\第1课\设置输入法.swf、练习打字.swf

第3课
管理电脑中的办公文件

学生：老师，前面我们学习了电脑的基本操作，是否就可以使用电脑进行办公了呢？

老师：前面我们学习的只是电脑的入门基础，接下来还需了解电脑中文件和文件夹的相关知识。

学生：文件和文件夹？这很重要吗？

老师：是的，电脑中的资料都是以文件的形式存在，多个文件又可以组合成一个文件夹。因此，要使用电脑办公，还需要掌握文件与文件夹的相关操作。

学生：我明白了！

老师：本课除了讲解文件和文件夹的基本操作外，还会涉及文件和文件夹的高级设置，一定要仔细听才能理解操作。

学生：没问题，我已经迫不及待了！

学习目标

▶ 掌握文件与文件夹的基本操作

▶ 熟悉搜索、设置与共享文件和文件夹的方法

▶ 掌握移动设备的使用方法

3.1 课堂讲解

本课堂主要讲述几个文件管理术语的含义以及管理各种文件与文件夹的相关操作等知识。通过相关知识点的学习和案例的实践，掌握文件和文件夹的新建、重命名、选择、删除、移动、复制、搜索等操作，以及在电脑上使用移动设备的相关方法。

3.1.1 文件管理基础知识

在管理文件时，经常会遇到文件、文件夹、磁盘、文件路径和文件属性等名词，下面对这些基础知识的含义进行介绍。

1. 文件与文件夹

文件与文件夹是操作中最常见的对象，理解它们的含义，有助于更好地学习文件管理的各种操作。

文件

电脑中各种数据的表现方式就是文件，如常见的MP3音乐文件、RMVB视频文件等。文件的种类很多，但其外观都是由文件图标和文件名称组成，其中文件名称由文件名和扩展名（包括小黑点）两部分组成。

◎ **文件图标**：对应生成该文件的程序，如 表示Photoshop程序生成的文件。

◎ **文件名**：即文件的名称，可自行设置。

◎ **扩展名**：显示文件格式，如".psd"表示此文件为Photoshop文件。

文件夹

文件夹的作用是存放文件或其他文件夹，其图标为 。

2. 磁盘

在桌面上双击"计算机"图标 ，在打开窗口的"硬盘"栏中的对象称为磁盘，如图3-1所示的本地磁盘（C:）、程序（D:）等。电脑中的所有文件和文件夹都保存在磁盘中，磁盘的多少取决于安装操作系统之前对硬盘分区的多少，如分5个区则产生5个磁盘。

图3-1 "计算机"窗口中的磁盘

3. 文件路径

文件路径显示了文件或文件夹的具体位置，图3-2表示当前文件在H盘下名为"会计"的文件夹中。

图3-2 文件路径

4. 文件属性

文件的属性包括只读、隐藏和存档3种，各属性的含义如下。

◎ **只读**：表示此文件不能被更改。

◎ **隐藏**：表示将该文件的图标和文件名隐藏在窗口中，呈不可见形式，若需对隐藏文件进行操作，则需通过对文件夹选项进行设置后才能使其以半透明状态重新显示出来。

◎ **存档**：指定是否应该存档该文件或文件夹，以便相应程序对此文件进行备份。

3.1.2 设置文件和文件夹视图模式

单击窗口中工具栏上的 按钮，在弹出的菜单中选择需要的命令即可改变当前窗口中文件的显示模式。显示模式一般包括"超大图标""大图标""中等图标""小图标""列表""详细信息""平铺"和"内容"8种，图3-3即为这8种模式下文件显示的效果。

（a）"超大图标"视图

（b）"大图标"视图

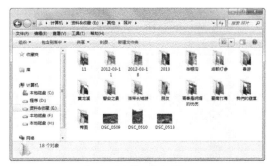

（c）"中等图标"视图

（d）"小图标"视图

（e）"列表"视图

（f）"详细信息"视图

（g）"平铺"视图

（h）"内容"视图

图3-3 不同的视图模式

3.1.3 新建、重命名文件和文件夹

文件管理在文秘办公中占非常重要的位置，熟练掌握并灵活运用各种文件管理的相关操作将使工作事半功倍。下面介绍新建以及重命名文件和文件夹的方法。

1. 创建库

库面板是Windows 7新增的文件管理场所。库只是一个虚拟位置，是打开相关链接文件夹的快捷方式。若源位置的文件或文件夹被删除，那么，在库中将会同时消失。下面讲解创建库的方法。

❶ 在任务栏中单击▇按钮打开库面板，默认包括视频、图片、文档和音乐4个文件夹。

❷ 选择【文件】→【新建】→【库】命令，即可新建库，在其中输入库名称，这里输入"作品"，如图3-4所示。

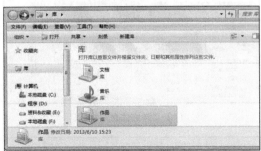

图3-4 创建库

❸ 双击"作品"库，在打开的窗口中单击 包括一个文件夹 按钮，打开"将文件夹包括在'作品'中"对话框，在其中选择"自学作品"文件夹，如图3-5所示。

图3-5 选择文件夹

❹ 单击 包括文件夹 按钮即可将选择的文件夹包含到库中，效果如图3-6所示。

图3-6 包含的文件夹

> 提示：若要删除库，可选择对应的库文件夹后，按【Delete】键即可，但库中包含的文件夹不会被删除。

2. 新建文件和文件夹

新建文件和文件夹的方法有以下两种。

◎ 在文件夹窗口中选择【文件】→【新建】命令。

◎ 在文件夹窗口的空白区域中单击鼠标右键，在弹出的快捷菜单中选择"新建"命令。

采用以上任意一方法，在打开的子菜单中选择"文件夹"命令，即可新建一个空白文件夹；选择其他任意一个命令即可新建对应的文件，如图3-7所示。

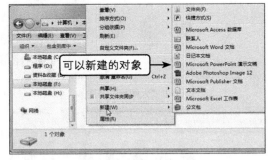

图3-7 选择新建的对象

> 注意：在选择新建对象时，图3-7所示的命令因每台电脑安装的应用程序不同而不同。

3. 重命名文件和文件夹

对文件和文件夹可以进行重命名。

❶ 选择需重命名的文件或文件夹，在其上单击鼠标右键，在弹出的快捷菜单中选择"重命名"命令，或直接按【F2】键。

❷ 此时文件名称将呈可编辑状态。

❸ 输入新的名称后按【Enter】键或单击窗口空白区域即可确认重命名。

4. 案例——创建"作品"文件夹

本例将在F盘的根目录下创建文件夹和文件。

❶ 在桌面上双击"计算机"图标，在打开的窗口中双击F盘对应的磁盘盘符，打开F盘的根目录窗口。

❷ 在窗口的空白区域单击鼠标右键，在弹出的快捷菜单中选择【新建】→【文件夹】命令。

❸ 此时文件夹名称处于可编辑状态，直接输入名称"作品"，如图3-8所示，然后按【Enter】键即可重命名文件夹。

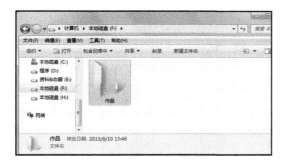

图3-8 输入文件名称

⏱ 试一试

在操作界面中试试能否对"回收站"文件夹重命名。

3.1.4 选择、删除文件和文件夹

选择与删除文件和文件夹的操作也是文件管理的常用操作，下面分别对这两种操作的方法进行详细介绍。

1. 选择文件和文件夹

对文件或文件夹进行重命名、移动和复制等操作，都需先选择文件或文件夹。在Windows 7中选择文件和文件夹的方法有以下几种。

◎ 直接单击需选择的文件或文件夹。

◎ 在窗口空白区域按住鼠标左键不放并进行拖动，将出现一个半透明的蓝色矩形框，处于该框范围内的文件和文件夹都将被选择。

◎ 选择一个文件或文件夹后，按住【Shift】键不放选择另一个文件或文件夹，此时将选择这两个文件或文件夹之间的所有文件或文件夹。

◎ 选择一个文件或文件夹，然后按住【Ctrl】键不放，依次选择所需文件或文件夹，可选择窗口中任意连续或不连续的文件或文件夹。

◎ 选择【编辑】→【全选】命令或按【Ctrl+A】键可选择当前窗口中所有的文件和文件夹。

> ⚠ 提示：当窗口中包含有隐藏文件和文件夹时，选择【编辑】→【全选】命令或按【Ctrl+A】键将打开提示对话框，提示选择隐藏的文件前需对文件夹选项进行设置。

2. 删除文件和文件夹

对于不需要的文件或文件夹，可将其删除以释放有限的磁盘空间。

删除文件或文件夹的方法为：选择需删除的文件或文件夹（可同时选择多个文件和文件夹），然后按【Delete】键，打开如图3-9所示的提示对话框，单击 是(Y) 按钮即可。

图3-9 "删除文件夹"提示对话框

删除的文件或文件夹并没有彻底从电脑中消失，而是转移至"回收站"中。在桌面上双击"回收站"图标🗑，可在打开的窗口中看到被删除的文件或文件夹。此时若想彻底删除文件或文件夹，可单击窗口左侧的"清空回收站"超链接；若想将删除的文件或文件夹恢复到原来的位置，则可在对应的文件或文件夹图

标上单击鼠标右键，在弹出的快捷菜单中选择"还原"命令。

3. 案例——删除第1和第5个以外的文件

本例通过删除指定的文件来练习选择不相邻文件和删除文件的方法。

❶ 打开需删除文件的窗口，在其中的第1个文件上单击鼠标将其选择，如图3-10所示。

图3-10 选择文件

❷ 按住【Ctrl】键的同时，单击第5个文件，如图3-11所示。

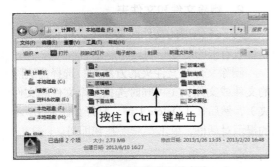

图3-11 选择不相邻的文件

❸ 选择【编辑】→【反向选择】命令即可选择第1和第5个文件以外的文件，如图3-12所示。

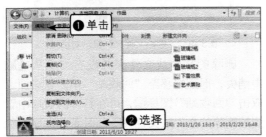

图3-12 选择"反向选择"命令

❹ 按【Delete】键，打开"删除多个项目"对话框，单击 是(Y) 按钮，如图3-13所示。此

时当前窗口中的效果如图3-14所示。

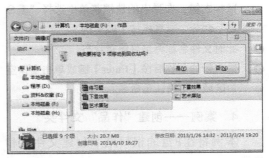

图3-13 确认删除

图3-14 删除后的效果

试一试

选择确认需删除的文件后，按【Shift+Delete】键，观察打开的对话框与如图3-13所示的对话框有什么区别，思考出现这种情况的原因。

3.1.5 移动、复制文件和文件夹

移动和复制文件和文件夹，是文件管理的常用操作，下面具体介绍移动和复制操作的实现方法。

1. 移动文件和文件夹

将文件或文件夹从一个位置移动到另一位置的操作就是移动文件和文件夹。

实现文件和文件夹的移动有以下几种方法。

◎ 选择需移动的文件或文件夹，选择【编辑】→【剪切】命令，切换到目标窗口，选择【编辑】→【粘贴】命令，如图3-15所示。

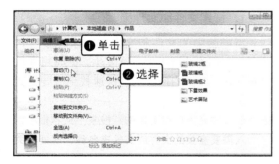

图3-15 剪切文件

◎ 选择需移动的文件或文件夹，按【Ctrl+X】
键，切换到目标窗口，按【Ctrl+V】键。

◎ 在需移动的文件或文件夹上单击鼠标右键，
在弹出的快捷菜单中选择"剪切"命令，切
换到目标窗口，在窗口空白区域单击鼠标右
键，在弹出的快捷菜单中选择"粘贴"命
令，如图3-16所示。

图3-16 移动文件效果

技巧：可以选择需要移动的文件，直接将
其拖曳到目标文件夹。

2. 复制文件和文件夹

复制文件和文件夹是指将原文件或文件夹
复制一份到其他窗口中，与移动不同的是复制
文件和文件夹后，原窗口中仍然保留原文件和
文件夹。

实现文件和文件夹的复制有以下几种方法。

◎ 选择需复制的文件或文件夹，选择【编辑】
→【复制】命令，切换到目标窗口，选择
【编辑】→【粘贴】命令。

◎ 选择需复制的文件或文件夹，按【Ctrl+C】
键，切换到目标窗口，按【Ctrl+V】键。

◎ 在需复制的文件或文件夹上单击鼠标右键，
在弹出的快捷菜单中选择"复制"命令，切
换到目标窗口，在窗口空白区域单击鼠标右
键，在弹出的快捷菜单中选择"粘贴"命
令，复制前后的效果如图3-17所示。

图3-17 复制文件前后的对比效果

3. 案例——调整"端午活动"文件夹结构

本例通过调整"端午活动"文件夹的结构
练习移动和复制文件及文件夹的操作。

❶ 双击"端午活动"文件夹，然后双击其下的
"节目安排"文件夹，再双击"舞蹈"文件
夹，拖动鼠标框选"山楂花"和"风之甬
道"两个文件，在其上单击鼠标右键，在弹
出的快捷菜单中选择"复制"命令，如图
3-18所示。

❷ 在地址栏中选择"节目安排"选项，在其中
双击"合唱"文件夹，在其中的空白区域单
击鼠标右键，在弹出的快捷菜单中选择"粘
贴"命令，如图3-19所示。

图3-18　选择复制命令

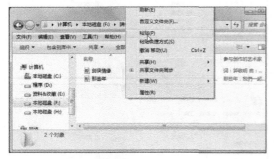

图3-19　粘贴文件

❸ 按住【Ctrl】键的同时，依次单击名称
为"兰亭序"和"洛丽塔"的文件，按
【Ctrl+X】键剪切文件，然后在地址栏选择
"节目安排"选项，双击"小品"文件夹，
按【Ctrl+V】键粘贴文件，如图3-20所示。

图3-20　剪切文件

⏱ **试一试**

通过鼠标拖动文件的方法完成上述操作。

3.1.6　搜索、设置与共享文件和文件夹

在Windows 7中还可以对文件或文件夹进
行搜索、设置和共享，通过这3种功能，可以
更好地查找、使用和管理文件。

1. 搜索文件和文件夹

当电脑中的文件和文件夹越来越多时，
找不到它们的情况可能时常发生，此时可利用
Windows 7提供的搜索功能快速找到需要的文
件或文件夹。

❶ 在文件夹窗口右上角的"搜索"文本框中输
入需要查找的文件或文件夹名称、时间等关
键字。

❷ 单击 修改日期 按钮，在打开的面板中设置修改
日期，如图3-21所示。

图3-21　设置修改日期

❸ Windows 7将根据设置的条件进行搜索，若
找到符合条件的文件或文件夹，将显示在窗
口右侧，如图3-22所示；若没有找到，则提
示"没有与搜索条件匹配的项"。

图3-22　搜索到符合条件的文件或文件夹

2. 设置文件属性

根据需要可对文件属性进行修改。

❶ 选择需更改属性的文件或文件夹，然后选择
【文件】→【属性】命令，或在需更改属性
的文件或文件夹上单击鼠标右键，在弹出的
快捷菜单中选择"属性"命令。

❷ 打开"属性"对话框，在下方的"属性"栏中选中相应的复选框，如图3-23所示。

图3-23 设置文件属性

❸ 完成后单击 确定 按钮应用设置。

3. 共享文件和文件夹

根据需要可将文件或文件夹进行共享，使局域网中的其他用户也可以访问。

❶ 选择需共享的文件或文件夹，然后选择【文件】→【属性】命令，或在需更改属性的文件或文件夹上单击鼠标右键，在弹出的快捷菜单中选择"属性"命令。

❷ 打开"属性"对话框，单击"共享"选项卡，单击 共享(S)... 按钮打开"文件共享"窗口，在其中直接单击 共享(H) 按钮，如图3-24所示。

图3-24 设置共享属性

❸ 返回"属性"对话框，单击 确定 按钮应用设置。

4. 案例——搜索格式为".MP3"的文件

本例通过搜索功能搜索".MP3"格式的文件，并设置第一个文件的属性为"隐藏"。

❶ 在文件夹窗口右上角的"搜索"文本框中输入".MP3"，如图3-25所示。

❷ 系统将开始进行搜索。

图3-25 设置搜索关键字

❸ 搜索完成后结果将显示在列表框中，选择第一个文件，如图3-26所示。

图3-26 选择文件

❹ 选择【文件】→【属性】命令，或在选择的文件上单击鼠标右键，在弹出的快捷菜单中选择"属性"命令。

❺ 打开"属性"对话框，在下方的"属性"栏中选中"隐藏"复选框，如图3-27所示。

❻ 完成后单击 确定 按钮应用设置。

图3-27 设置文件属性

3.1.7 使用U盘管理文件

利用U盘可以实现文件在不同电脑中的传送。

❶ 将U盘插入电脑主机的USB接口，稍后任务栏会提示"发现新硬件"，当出现的图标变为 🖴 状态时，表示U盘顺利与电脑连接。

❷ 打开"计算机"窗口，可看见"可移动磁盘"盘符，如图3-28所示。双击即可打开，此时便可将U盘中的文件移动或复制到电脑的某个文件夹中，或将电脑上的文件复制到

U盘中等。

图3-28 "可移动磁盘"盘符

❸ 完成文件操作后，单击 🖴 图标，将弹出提示框，选择"弹出移动设备"选项，稍后将提示可以安全移除USB设备，如图3-29所示。此时将U盘从主机上拔除即可。

图3-29 提示安全地移除硬件

3.2 上机实战

本课上机实战将创建"6月会议安排"文件系统和使用U盘传送文件，综合练习本课所学的知识点。

上机目标：

◎ 熟练掌握新建、重命名文件和文件夹的方法。

◎ 熟练掌握移动和复制文件和文件夹的方法。

◎ 掌握使用U盘的方法。

建议上机学时：1学时。

3.2.1 创建"6月会议安排"文件系统

1. 操作要求

本例要求在F盘根目录下创建一个名为"6月会议安排"的文件夹，然后在该文件夹中创建两个

名为"月初计划会议"和"月底销售总结会议"
的文件夹，最后分别将会议文件复制到对应的
文件夹中，具体操作要求如下。

◎ 通过"计算机"窗口打开F盘窗口，并依次
  新建3个文件夹。

◎ 依次对3个文件夹进行重命名操作。

◎ 在"计算机"窗口中分别找到与会议相关的
  文件，然后将其复制到创建的文件夹中。

◎ 将"月初计划会议"和"月底销售总结会议"
  文件夹移动到"6月会议安排"文件夹中。

2. 操作思路

根据上面的操作要求，本例的操作思路如
图3-30所示。

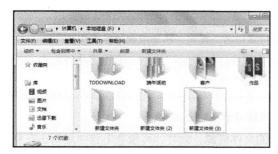

（a）新建文件夹

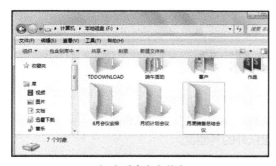

（b）重命名文件夹

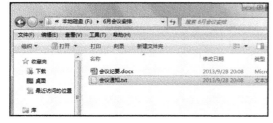

（c）复制文件

图3-30 创建文件系统的操作思路

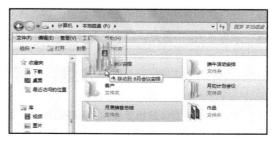

（d）移动文件夹

图3-30 创建文件系统的操作思路（续）

 演示\第3课\创建"6月会议安排"文件
系统.swf

❶ 打开"计算机"窗口，双击F盘盘符，通过菜
  单命令、右键菜单等方式新建3个文件夹。

❷ 利用菜单命令、右键菜单或快捷键将新建的3
  个文件夹分别重命名为"6月会议安排""月
  初计划会议"和"月底销售总结会议"。

❸ 找到相关文件，利用菜单命令、右键菜单或
  快捷键将其复制到F盘根目录对应的文件夹
  中。

❹ 将"月初计划会议"和"月底销售总结会议"
  文件夹移动到"6月会议安排"文件夹中。

3.2.2 使用U盘传送文件

1. 操作要求

本例要求将"作品"文件夹复制到U盘
中，具体操作要求如下。

◎ 插入U盘。

◎ 将"作品"文件夹复制到U盘中。

◎ 拔除U盘。

2. 操作思路

 演示\第3课\使用U盘传送文件.swf

❶ 将U盘插入电脑主机的USB接口中。

❷ 待电脑识别U盘后，切换到"作品"文件夹
  所在的窗口，复制该文件夹。

❸ 通过"计算机"窗口双击U盘盘符,然后将"作品"文件夹粘贴到其中。

❹ 完成后关闭U盘窗口,单击 图标,然后选择"弹出移动设备"选项,最后拔除U盘。

3.3　常见疑难解析

问：修改了文件后想要保存,系统却提示"该文件为只读属性,不能保存该文件",这该怎么办呢？

答： 这是因为该文件的属性为"只读",解决方法为通过所用程序的"另存为"命令将其保存。然后通过"计算机"窗口找到该文件,在其上单击鼠标右键,在弹出的快捷菜单中选择"属性"命令,在打开的"属性"对话框中取消选中"只读"复选框即可。

问：为什么对有些文件夹和文件重命名时,系统提示不能进行该操作？

答： 出现这种情况时,应首先检查是否在同一窗口中存在相同名称的文件,然后检查该文件是否正处于使用状态,如果是,则需关闭文件才能进行操作。另外,一些系统文件或文件夹也不能进行重命名操作。

问：为什么文件没有处于使用状态,也无法对其进行重命名、复制、移动或删除等操作？

答： 有时某些程序虽然已经关闭,但还有一些附件程序还处于运行状态,因此无法对文件进行操作,此时可考虑将电脑进行注销或重启,然后对文件进行操作。

问：为什么有时选择了"弹出移动设备"命令后,系统提示不能拔出U盘？

答： 出现这一情况是因为电脑中还在调用U盘中的文件资源,此时,可检查电脑中是否正在复制U盘中的文件,是否没有关闭U盘窗口,或打开了U盘中的文件。如果有,只需将其关闭后再选择"弹出移动设备"命令即可。

3.4　课后练习

（1）通过菜单命令在F盘中新建一个名为"办公文件管理"的文件夹。

（2）将电脑中所有关于办公的文件和文件夹移动到"办公文件管理"文件夹中。

（3）将"办公文件管理"文件夹复制到除系统盘以外的其他盘。

（4）将"办公文件管理"文件夹复制到U盘中。

（5）通过搜索功能查找2013年6月创建的文件。

（6）将找到的文件或文件夹删除。

（7）清空电脑中的"回收站"。

 演示\第3课\管理计算机中的文件.swf

第4课
编辑Word文档

学生：老师，通过前面的学习，是否可以胜任文秘工作了？

老师：还不行，要胜任文秘工作，还必须熟练使用Office办公软件。

学生：Office办公软件？这是文秘工作者常用的软件？

老师：是的，Office 2010中常用于办公的组件有三种：一种是Word 2010，主要用于文字处理；一种是Excel 2010，主要用于制作各种电子表格；一种是PowerPoint 2010，主要用于创建包含文本、图表、图形、剪贴画、影片、声音等对象的幻灯片。

学生：Word 2010是用于文秘办公中的文档编辑呀！那么该如何使用它呢？

老师：Word 2010是许多用户首选的文档编辑软件，它的使用比较人性化。下面就来详细介绍如何使用Word 2010来编辑文档。

学生：好的，我一定认真学习。

学习目标

▶ 了解Word 2010的基本操作

▶ 熟悉输入和编辑文本的方法

▶ 掌握格式化文本的方法

▶ 熟悉添加项目符号和编号的方法

4.1 课堂讲解

本课堂主要讲述Word 2010的基本操作，包括输入与编辑文本、格式化文本、添加项目符号和编号等知识。通过相关知识点的学习和案例的实践，可为更好地使用Word编辑文档打下良好的基础。学习过程中，重点应放在文档的新建、保存、打开、关闭、输入与编辑文本等知识上，这是Word最基本也是最重要的操作。

4.1.1 Word 2010的基本操作

Word 2010具有直观、易学、易用等特点，通过它可以制作出各种图文并茂的文档。下面将介绍Word 2010的基本操作，包括启动与退出Word 2010、认识Word 2010的工作窗口、新建文档、保存文档、打开文档和关闭文档等。

1.启动与退出Word 2010

在使用Word 2010之前首先应该掌握启动与退出Word 2010的操作方法。

启动Word 2010

启动Word 2010有以下几种常用方法。

◎ 单击 按钮，选择【所有程序】→【Microsoft Office】→【Microsoft Word 2010】命令。

◎ 若为Word 2010创建了快捷图标，可直接双击Word 2010桌面快捷图标 。

◎ 双击Word格式的文档（扩展名为".docx"），可启动Word 2010并打开该文档。

> 提示：单击 按钮，选择【所有程序】→【Microsoft Office】命令，在弹出的子菜单中的"Microsoft Word 2010"命令上单击鼠标右键，在弹出的快捷菜单中选择【发送到】→【桌面快捷方式】命令，即可为Word 2010创建桌面快捷图标。

退出Word 2010

退出Word 2010有以下几种常用方法。

◎ 在Word 2010工作窗口中选择【文件】→【退出】命令。

◎ 单击Word 2010标题栏右侧的 按钮。

◎ 按【Alt+F4】键。

2. 认识Word 2010工作界面

启动Word 2010后，将打开如图4-1所示的工作界面，它主要由快速访问工具栏、标题栏、选项卡、功能区、文本编辑区、标尺栏、状态栏和视图栏等部分组成。

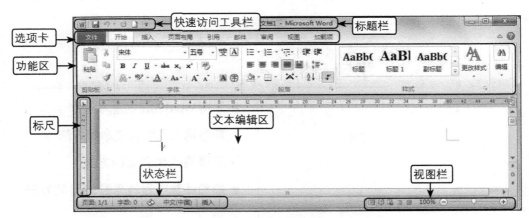

图4-1　Word 2010工作界面

✎ **快速访问工具栏**

默认情况下，快速访问工具栏中只显示█（保存）按钮、○（撤销）按钮和○（恢复）按钮。为了方便操作，用户可单击█按钮，在弹出的菜单中选择常用的命令，将其命令按钮添加到快速访问工具栏中，若选择"在功能区下方显示"命令将改变快速访问工具栏的位置。

标题栏

标题栏用来显示文档名和程序名，若单击标题栏右侧的"窗口控制"按钮可控制窗口大小；单击 ▭（最小化）按钮缩小窗口到任务栏并以图标按钮显示；单击 ▭（最大化）按钮则全屏显示窗口，且按钮变为 ▱（向下还原）按钮，再次单击该按钮将使窗口恢复到原始大小。

选项卡

标题栏下方有多个选项卡。每个选项卡代表Word执行的一组核心任务，并将其任务按功能不同分成若干个组。

功能区

单击某个选项卡即可展开相应的功能区，在功能区中有许多自动适应窗口大小的工具栏，每个工具栏中为用户提供了相应的组，每个组中包含了不同的命令、按钮或列表框等。

文本编辑区

文本编辑区是输入和编辑文本的区域。其中包括文本插入点（即编辑区中不断跳动的竖线光标"▏"）、水平和垂直滚动条（当窗口缩小或编辑区不能完全显示所有文档内容时，可拖动滚动条中的滑块或单击滚动条两端的小黑三角形按钮使其内容显示出来）等组成部分。

标尺

标尺位于文本编辑区的上边和左边，分水平标尺和垂直标尺两种。执行选项卡中的【视图】命令，弹出下拉菜单。在【标尺】命令的左侧如有"√"符号，说明标尺已显示；如没有"√"符号，说明正处在隐藏状态。执行"标尺"命令，标尺可被显示或隐藏。

状态栏

状态栏位于窗口最底端的左侧，用来显示当前文档页数、总页数、字数、当前文档检错结果和输入法状态等内容。

视图栏

视图栏位于状态栏的右侧，主要用于切换视图模式、调整文档显示比例，方便用户查看文档内容。

3. 新建文档

在对Word文档进行编辑前，首先应该了解新建文档的操作。新建文档分为新建空白文档和通过模板新建文档两种情况。

新建空白文档

新建空白文档主要有以下几种常用方法。

◎ 在Word工作窗口中选择【文件】→【新建】命令，在窗口中间的"可用模板"列表框中选择"空白文档"选项，在右下角单击▯(创建)按钮即可。

◎ 在快速访问工具栏中添加▯ 按钮，然后单击该按钮。

◎ 按【Ctrl+N】键。

通过模板新建文档

在Word 2010中可以利用其自带的模板创建各种带格式的文档。

❶ 选择【文件】→【新建】命令，在窗口中间的"可用模板"列表框中选择"样本模板"选项，在展开的列表框中选择"黑领结合并信函"样式，并在右侧选中"模板"单选项，如图4-2所示。

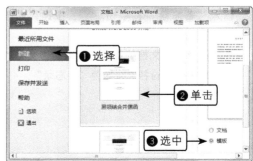

图4-2 选择模板样式

❷ 单击 (创建)按钮,即可新建名为"模板1"的模板文档,如图4-3所示。

> 提示:在"可用模板"列表框中的"Office.com模板"栏中选择相应的模板样式,可快速在网络中下载该模板样式。

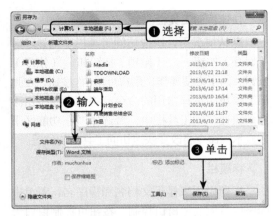

图4-4 设置保存参数

图4-3 通过模板样式新建文档

4. 保存文档

完成文档的编辑工作后,应立即对其进行保存,避免重要信息丢失,也方便下一次对文档查阅和修改。保存文档分为保存新建文档、保存已存在的文档、另存为文档和自动保存文档4种情况。

保存新建文档

保存新建文档的具体操作如下。

❶ 选择【文件】→【保存】命令或单击快速访问工具栏中的 按钮。

❷ 打开"另存为"对话框,在"保存位置"下拉列表框中可设置文档的保存路径,这里选择"本地磁盘(F:)"选项,在"文件名"下拉列表框中可设置文档的保存名称,这里输入"备忘录",单击 保存(S) 按钮,如图4-4所示。

❸ 完成保存新建文档的操作,此时新建文档的标题栏中显示的名称将变为"备忘录"。

保存已存在的文档

已存为在的文档是指已经保存过的文档,对这类文档进行修改后,选择【文件】→【保存】命令或单击快速访问工具栏中的 按钮将直接覆盖文档原有的内容,而不会打开任何对话框。

另存为文档

另存为文档可分为在同一路径另存文档和在不同路径另存文档两种情况。

◎ **同一路径另存文档**:选择【文件】→【另存为】命令,打开"另存为"对话框,在"文件名"下拉列表框中输入另外的名称,然后单击 保存(S) 按钮。

◎ **不同路径另存文档**:选择【文件】→【另存为】命令,打开"另存为"对话框,在"保存位置"下拉列表框中选择另外的保存路径,然后单击 保存(S) 按钮。

自动保存文档

为了防止操作失误或意外断电造成的文档无法修复的情况,可以对文档进行自动保存设置。

❶ 选择【文件】→【选项】命令。

❷ 打开"Word 选项"对话框,单击"保存"选项卡,在"保存文档"栏中选中"保存自动恢复信息时间间隔"复选框,在其右侧的数值框中可设置时间间隔,这里输入"10",单击 确定 按钮,如图4-5所示。

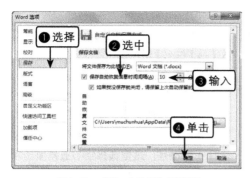

图4-5 "Word 选项" 对话框

5. 打开文档

在Word 2010中可打开已存在的Word文档。

❶ 选择【文件】→【打开】命令。

❷ 打开 "打开" 对话框，在 "查找范围" 下拉列表框中选择需打开文件的路径，这里选择 "本地磁盘(F:)" 选项，在其下的列表框中选择要打开的文档，这里选择 "行业代理协议书" 选项，单击 按钮，如图4-6所示。

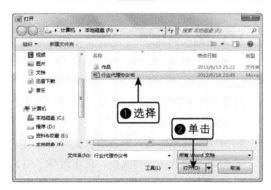

图4-6 选择打开文件

> 技巧：在 "打开" 对话框中双击需打开的文档可快速将其打开，或在电脑中找到文档存放位置，双击也可打开。

6. 关闭文档

除了用退出Word的方法关闭文档外，还可以用以下几种方法只关闭文档而不退出Word程序。

◎ 选择【文件】→【关闭】命令。

◎ 按【Ctrl+W】键。

> 提示：如果没有对修改过的文档进行保

存，在关闭该文档时会出现一个提示对话框，提示是否保存该文档，单击 保存(S) 按钮将保存修改过的内容并关闭文档，单击 不保存(N) 按钮将不保存修改过的内容而直接关闭文档，单击 取消 按钮将取消关闭操作。

7. 案例——通过模板创建 "简历" 文档

在实际工作中，利用模板来新建文档可以提高工作效率。下面利用 "基本简历" 模板新建文档，并对新建的文档进行保存和关闭等操作，参考效果如图4-7所示。

图4-7 新建的 "简历" 文档效果

 效果\第4课\课堂讲解\简历.docx

❶ 单击 按钮，选择【所有程序】→【Microsoft Office】→【Microsoft Word 2010】命令，启动Word 2010程序。

❷ 选择【文件】→【新建】命令，在窗口中间的 "可用模板" 列表框中选择 "样本模板" 选项，在展开的列表框中选择 "基本简历" 样式，并在右侧窗格选中 "文档" 单选项，如图4-8所示。

图4-8 选择模板

❸ 单击 📄(创建)按钮，即可新建名为"模板1"的模板文档。

❹ 选择【文件】→【保存】命令，打开"另存为"对话框。在"保存位置"下拉列表框中选择"本地磁盘（F:）"选项，在"文件名"下拉列表框中输入"简历"，单击 保存(S) 按钮，如图4-9所示。

❺ 单击标题栏右侧的 x 按钮，关闭"简历"文档并退出Word程序。

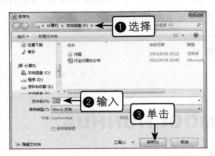

图4-9　保存文档

⏱ **试一试**

将新建的文档进行保存后，试试通过快捷键的方式退出Word 2010。

📍 **4.1.2　输入与编辑文本**

在Word 2010中，输入文本包括输入文字、字符、日期和时间等。当输入的文本出现错误时，就会涉及选择文本、修改文本等操作。这些都是基本操作，应认真学习。

1. 输入文本

在Word 2010中可输入普通文字、特殊字符和日期、时间等，下面分别讲解。

📎 **输入普通文字**

输入普通文字的方法为：切换至某种中文输入法状态，直接输入所需的文字，此时文字将在当前光标插入点处显示，当输入的文字到达右边界时，文字会自动跳转至下一行继续显示。输入的过程中按【Enter】键可使文字换行。

📎 **输入特殊字符**

Word文档中除了可以输入文字外，还可以输入一些特殊字符。

❶ 在文档编辑区中单击定位光标插入点，在【插入】→【符号】组中单击"符号"按钮 Ω，在弹出的菜单中选择"其他符号"命令。

❷ 打开"符号"对话框，在对话框右侧的"子集"下拉列表框中选择某种符号集，这里选择"其他符号"选项，并在其下的列表框中选择一种符号，这里选择空心五角星选项，然后单击 插入(I) 按钮，如图4-10所示，即可在编辑区的光标插入点处插入选择的符号。

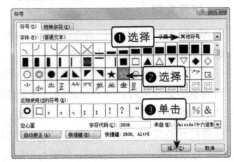

图4-10　选择符号

📎 **输入日期和时间**

若要输入当前系统中的日期或时间，可利用Word的"日期和时间"功能进行输入。

❶ 在文档编辑区中定位光标插入点，在【插入】→【文本】组中单击"日期和时间"按钮。

❷ 打开"日期和时间"对话框，在"语言"下拉列表框中选择语言类型，这里选择"中文（中国）"选项，在"可用格式"列表框中选择所需的时间格式，这里选择"14时5分"选项，单击 确定 按钮，如图4-11所示，即可在编辑区中的光标插入点处插入当前电脑中显示的时间。

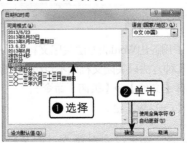

图4-11　设置日期和时间格式

提示：按【Alt+Shift+D】键可快速输入当前电脑中显示的日期；按【Alt+Shift+T】键可快速输入当前电脑中显示的时间。

2. 选择文本

当对文档中的部分内容进行修改、复制和删除等操作时，首先应该确定编辑对象，即先选中需编辑的文本。选中文本有以下几种方法。

◎ 将鼠标指针移至编辑区中，当其变成 I 形状时，在要选中文本的起始位置按住鼠标左键不放并拖动鼠标至目标位置，然后释放鼠标，则起始位置和目标位置之间的文本被选中。

◎ 在文本中任意位置双击鼠标，可选中光标插入点所在位置的单字或词组，如图4-12所示。

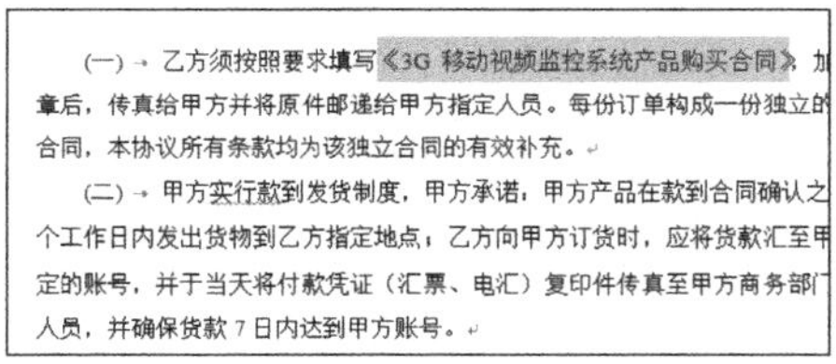

图4-12　选择词组

◎ 在文本中单击3次鼠标，可选中光标插入点所在的整段文本，如图4-13所示。

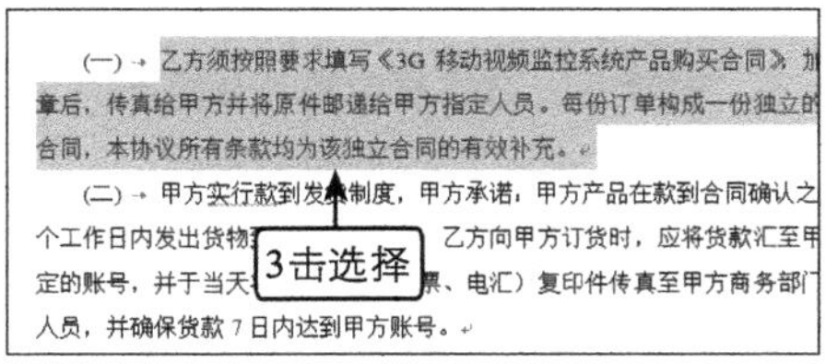

图4-13　选择段落

◎ 将光标插入点定位到需选中文本的起始位置，在目标位置按住【Shift】键并单击鼠标，则可选中起始位置和目标位置之间的文本。

◎ 按住【Ctrl】键的同时单击某句文本的任意位置可选中该句文本。

◎ 将鼠标指针移至文本中任意行的左侧，当其变为 形状时，单击鼠标可选中该行文本；双击鼠标可选中该段文本；按住鼠标左键不放并向上或向下拖动鼠标可选中连续的多行文本，如图4-14所示。

◎ 选中部分文本后，按住【Ctrl】键不放可继续选中其他文本，选中的文本可以是连续的，也可以是不连续的，如图4-15所示。

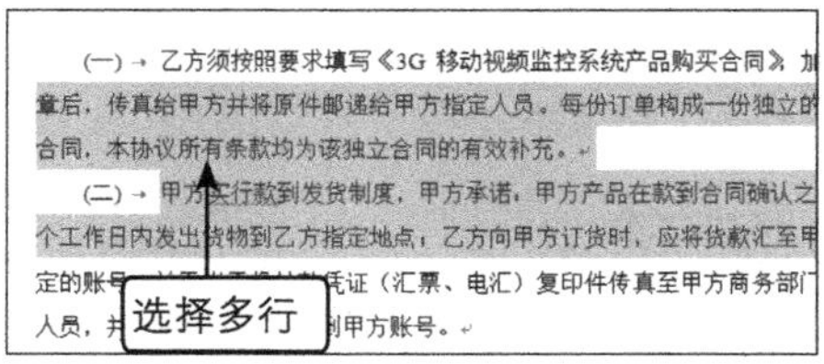

图4-14　拖动鼠标选中多行文本

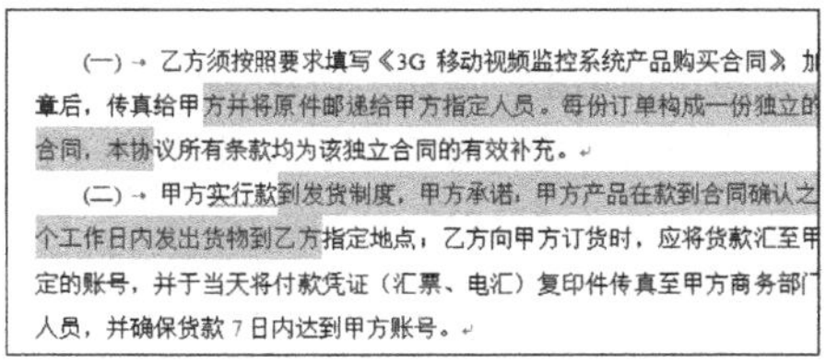

图4-15　选中不连续文本

◎ 将鼠标指针定位在文档中的任意位置，直接按【Ctrl+A】键可选中整篇文档。

3. 插入与修改文本

在编辑文档时，若出现漏输入、输入错误或有多余的内容时，就需要对文本进行插入、修改或删除等操作。下面分别介绍。

插入文本

当发现文档中有漏输入文本时，可使用插入文本的方法来修改，方法是在需要输入文本的位置单击定位光标插入点，然后在其中输入需要的文本即可。

修改文本

修改文本的方法主要有以下几种。

◎ 选中需删除的文本，按【Delete】键或【Back Space】键可将其删除。

◎ 按【Back Space】键可删除光标插入点左侧的文本。

◎ 按【Delete】键可删除光标插入点右侧的文本。

◎ 删除文本后，在需重新输入文本的位置单击鼠标定位光标插入点，然后输入需要的文本即可。

4. 移动与复制文本

若需要对文档中的文本位置进行调整时，可对文本进行移动；若需输入文档中已存在的内容相同的文本时，可采用复制文本的操作方法以提高工作效率。

移动文本

将选中的文本移动至其他位置的方法有以下几种。

◎ 选中需移动的文本，然后在【开始】→【剪贴板】中单击"剪切"按钮，将光标插入点定位到目标位置后，在【开始】→【剪贴板】中单击"粘贴"按钮。

◎ 选中需移动的文本，在其上按住鼠标左键不放，拖动文本至目标位置后释放鼠标。

◎ 选中需复制的文本，按【Ctrl+X】键剪切文本，将光标插入点定位到目标位置后按【Ctrl+V】键进行粘贴。

复制文本

复制文本的方法有以下几种。

◎ 选中需复制的文本，然后在【开始】→【剪贴板】组中单击"复制"按钮，将光标插入点定位到目标位置后在【开始】→【剪贴板】组中单击"粘贴"按钮。

◎ 选中需复制的文本，在其上按住【Ctrl】键不放的同时，按住鼠标左键不放并拖动文本至目标位置后再释放鼠标。

◎ 选中需复制的文本，按【Ctrl+C】键复制，将光标插入点定位到目标位置后按【Ctrl+V】键进行粘贴。

5. 查找与替换文本

查找功能用于在文档中快速找到需要查找的文本，替换功能可将文档中指定的文本统一替换为其他文本。

查找文本

在Word中查找文本的具体操作如下。

❶ 在【开始】→【编辑】组中单击，打开

"导航"任务窗格。

❷ 在"搜索文档"文本框中输入需要查找的文本，这里输入"兴阳信息"。

❸ Word开始查找，查找到的文本将以选中状态显示，如图4-16所示。

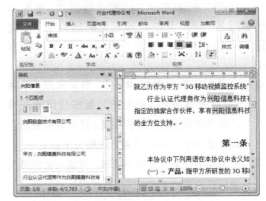

图4-16　查找文本

替换文本

通过替换文本的方法可以快速修改文档中相同的文本。

❶ 在【开始】→【编辑】组中单击，打开"查找和替换"对话框的"替换"选项卡。

❷ 在"查找内容"文本框中输入需要查找替换的文本，这里输入"兴阳信息"。

❸ 在"替换为"文本框中输入替换成的文本，这里输入"兴阳"，如图4-17所示。

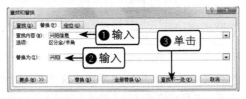

图4-17　"查找和替换"对话框

❹ 单击 查找下一处(F) 按钮将在文档中查找相应的内容，然后单击 替换(R) 按钮，将替换查找到的文本，单击 全部替换(A) 按钮将全部替换文档中的所有满足条件的文本。

❺ 替换完成后将打开提示框，提示一共替换多少处，单击 确定 按钮即可，如图4-18所示。

图4-18　完成替换

6.　撤销与恢复操作

在编辑文档的过程中如果进行了错误操作，可对其进行撤销。方法为：单击一次快速访问工具栏上的"撤销"按钮 ，可返回上一步操作，单击多次该按钮将依次返回多步操作；单击一次快速访问工具栏上的"恢复"按钮 ，可恢复到撤销上一步操作前的状态，单击多次该按钮则将依次恢复多步撤销前的状态。

> 技巧：单击 按钮右侧的下拉按钮，可在弹出的下拉列表中选择需撤销的操作；单击 按钮右侧的下拉按钮，可在弹出的下拉列表中选择需恢复到撤销前的某步操作。

7.　案例——制作"会议纪要"文档

在文秘行业中常常会遇到拟定通知、制作项目方案和会议纪要等情况，掌握文本的输入与编辑操作后便可轻松应对这些问题。下面将通过制作"会议纪要"文档来进一步熟悉输入与编辑文本等操作。效果如图4-19所示。

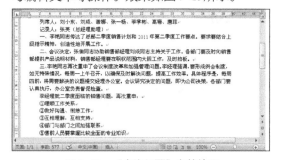

图4-19　"会议纪要"文档效果

效果\第4课\课堂讲解\会议纪要.docx

❶ 启动Word 2010，新建一篇空白文档，然后将文档以"会议纪要"为名保存。

❷ 在"会议纪要"文档中将鼠标指针移至文档

上方的中间位置处，当鼠标指针变成 形状时双击鼠标左键，定位光标插入点。

❸ 切换到中文输入法，输入文档标题"三季度销售计划会议纪要"文本，如图4-20所示。

图4-20　输入文档标题

❹ 将鼠标指针移至文档标题下方左侧需要输入文本的位置处，当鼠标指针变成I 形状时双击鼠标左键，定位光标插入点。

❺ 输入会议时间文本，按【Enter】键换行，Word自动分段，然后依次输入会议地点、主持人、出席人、列席人、记录人等文本，效果如图4-21所示。

图4-21　输入会议纪要开头部分

❻ 按【Enter】键换行，输入会议纪要正文内容的前4段，换行后在【插入】→【符号】组单击"编号"按钮 ，打开"编号"对话框，在"编号"文本框中输入"1"，在"编号类型"列表框中选择带圈数字样式，如图4-22所示。

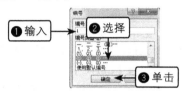

图4-22　"编号"对话框

❼ 单击 按钮，即可插入带圈数字"①"，输入相关文本后再按照同样的方法，分别插入

其他带圈数字并输入内容，如图4-23所示。

图4-23　输入编号和内容

❽ 继续输入会议纪要的其他文本，在落款署名文本下方双击定位插入点，在【插入】→【文本】组中单击"日期和时间"按钮，打开"日期和时间"对话框，在"语言"下拉列表框中选择"中文（中国）"选项，在"可用格式"列表框中选择如图4-24所示的日期格式。

图4-24　选择日期格式

❾ 在文档中"列席人"所在段落的"马瑜"文本前单击定位插入点，然后拖动鼠标选择"马瑜"文本，再重新输入新的"刘成"文本，如图4-25所示。

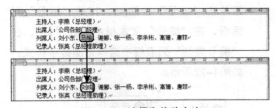

图4-25　选择和修改文本

❿ 拖动鼠标选择"列席人"所在段落的"刘成"文本，然后按【Ctrl+C】键将文本复制到剪贴板上，再拖动鼠标选择"二、会议决定"所在行的"马瑜"文本，按【Ctrl+V】键粘贴文本，如图4-26所示。

图4-26　复制文本

⓫ 拖动鼠标选择"熟悉对手产品的动向"文本，按住鼠标左键不放，将其拖动到"⑦了解行业新技术"文本后面释放鼠标，如图4-27所示。

图4-27　移动文本

⓬ 利用相同的方法将"了解行业新技术"文本移动到"⑨"后面。

⓭ 在【开始】→【编辑】组中单击 按钮或按【Ctrl+F】键，打开"查找和替换"对话框的"替换"选项卡，在"查找内容"文本框中输入需查找的文本"李燕"。

⓮ 单击 查找下一处(F) 按钮，Word将从文档的起始位置开始查找所需的文本内容，查找到文档中的"李燕"文本以黑底白字显示，如图4-28所示。

图4-28　查找文本

⓯ 在"替换为"文本框中输入替换成的文本"李艳"，单击 替换(R) 按钮，即可将"李燕"文本替换成"李艳"文本，并自动查找到下一处，如图4-29所示。

体"浮动面板设置，下面分别讲解。

通过"字体"组设置

"字体"组由许多按钮和下拉列表框组成。通过"字体"组设置字符格式时，只需选中需要设置格式的字符，然后单击相应的按钮即可。其中相关按钮和下拉列表框的含义如下。

◎ 宋体 下拉列表框：单击其右侧的按钮，在弹出的下拉列表中可为选中的字符设置字体样式。

◎ 五号 下拉列表框：单击其右侧的按钮，在弹出的下拉列表中可为选中的字符设置字体大小。

◎ B 按钮：单击该按钮可将选中的字符设置为加粗字形。

◎ I 按钮：单击该按钮可将选中的字符设置为倾斜字形。

◎ U 按钮：单击该按钮可为选中的字符添加下划线，单击其右侧的按钮，还可在弹出的下拉列表中设置下划线的线型及颜色。

◎ A 按钮：单击该按钮可为选中的字符添加边框。

◎ A 按钮：单击该按钮可为字符添加底纹。

◎ Aa 按钮：单击该按钮可更改字符的大小写。单击其右侧的按钮，还可在弹出的下拉列表中设置大小写的方式。

◎ A 按钮：单击该按钮可将选中的字符设置为系统默认的颜色。单击其右侧的按钮，还可在弹出的下拉列表中设置各种颜色。

◎ A 按钮：单击该按钮可为字符设置文本效果。单击其右侧的按钮，还可在弹出的下拉列表中设置不同的文本效果。

◎ 字 按钮：单击该按钮可将字符以不同的颜色突出显示。单击其右侧的按钮，还可在弹出的下拉列表中设置不同的颜色。

通过"字体"对话框设置

通过"字体"对话框可以为文本设置更多的格式，如添加着重号、设置字符间距等。

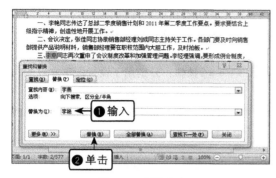

图4-29 替换文本

⑯ 单击 全部替换(A) 按钮，即可一次性将文档中所有"李燕"文本替换成"李艳"文本，完成后将打开"Microsoft Word"提示对话框，提示Word已完成对文档搜索并替换，如图4-30所示。

⑰ 单击 确定 按钮完成替换操作。

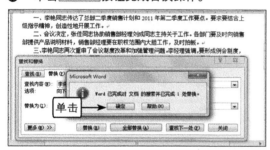

图4-30 完成替换

⑱ 单击 关闭 按钮返回文档，在快速访问工具栏中单击按钮即可保存文档。

试一试

在上述案例中试着插入"☆"符号以代替纪要正文中的"①"编号。

4.1.3 格式化文本

在文秘办公工作中，为了使文档更美观并且重点突出，还需要对文档进行格式化设置。

1. 设置字符格式

设置字符格式主要包括对字体、字形和字号等文本外观进行设置。设置字符格式可通过"字体"组或"字体"对话框，也可通过"字

❶ 选中需设置格式的文本，在【开始】→【字体】组中单击 按钮，打开"字体"对话框。

❷ 在"字体"选项卡中可设置字体、字号、字形、效果、颜色等，如图4-31所示。

图4-31 "字体"对话框

❸ 单击"高级"选项卡，在其中可设置字符间距等。设置完成后单击 确定 按钮即可。

通过浮动面板设置

在文档中选择需要设置字符格式的文本，即可打开浮动面板，如图4-32所示，面板中不仅可以设置基本的字符格式，还可设置基本的段落格式。

图4-32 浮动面板

提示：默认情况下，在第一次选择文本时，将自动打开浮动面板，若用户不想启动浮动面板，可选择【文件】→【选项】命令，打开"Word选项"对话框，在"常规"选项卡的"用户界面选项"栏中取消选中"选择时显示浮动工具栏"复选框即可。

2. 设置段落格式

在文档中对段落进行格式化设置后，可以使用文档结构更清晰，层次更分明，重点更突出。下面讲解格式化段落的方法。

通过"段落"组设置

通过"段落"组对段落进行设置的方法为：选中需设置格式的段落，然后在"段落"组中单击相应的按钮即可。其中部分按钮的作用如下。

◎ 按钮：分别用于设置段落左对齐、居中对齐、右对齐、两端对齐、分散对齐。

◎ 按钮：单击该按钮，在打开的下拉列表中可设置行和段落间距。

通过"段落"对话框设置

选中需格式化的段落，在【开始】→【段落】组中单击 按钮，打开"段落"对话框。在其中可设置对齐方式、缩进、特殊格式、间距等，如图4-33所示。

技巧：选择需设置的段落后，在水平标尺上拖动相应的滑块也可设置段落缩进。

图4-33 "段落"对话框

3. 设置边框和底纹

通过"边框和底纹"对话框可以为选中的文本设置边框和底纹格式。

❶ 选中需设置边框和底纹的文本，在【开始】→【段落】组中单击 按钮，在打开的下拉列表中选择"边框和底纹"命令。

❷ 打开"边框和底纹"对话框的"边框"选项卡，在其中可设置边框样式、颜色、粗细等，在"预览"栏中可即时查看设置的效果，如图4-34所示。

图4-34 设置边框样式

❸ 单击"底纹"选项卡，在其中可设置底纹颜色，如图4-35所示，完成后单击 确定 按钮。

> 注意：在选中需设置边框和底纹的文本时，不能将该段文本末端的↵符号一并选中，否则将对该段落进行设置，其效果与设置文本的效果会有所出入。

图4-35 设置底纹

4. 使用格式刷

如果Word文档中有多处需要设置相同格式的文本或段落，可利用"剪贴板"组中的 格式刷 按钮快速复制格式。

❶ 选中已设置格式的文本，单击"剪贴板"组中的 格式刷 按钮。

❷ 此时鼠标指针将变为 形状，拖动鼠标选择需应用该格式的文本或段落。

> 提示：双击 格式刷 按钮可使鼠标指针一直呈 形状，此时可一直为文本或段落应用选择的格式，按【Esc】键可退出该状态。

5. 设置特殊版式

利用Word可以处理各种各样的特殊版式，

这里主要讲解3种常见版式的处理技巧，包括文档分栏、首字下沉和添加中文拼音。

文档分栏

在处理一些特殊文档的过程中，有时需要在一个页面中以多栏形式显示文本内容，可通过Word的分栏功能达到目的。

❶ 选择需进行分栏的文本，在【页面布局】→【页面设置】组中单击"分栏"按钮 ，在打开的下拉列表中可选择预设的栏数。

❷ 选择"更多分栏"命令，打开"分栏"对话框，在其中可设置分栏的具体参数，如图4-36所示。

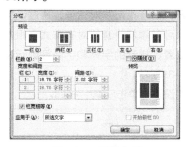

图4-36 设置分栏

❸ 设置完成后单击 确定 按钮即可应用设置，效果如图4-37所示。

图4-37 文档分栏效果

首字下沉

首字下沉的效果具有很强的可读性，设置的具体操作如下。

❶ 选择需设置首字下沉的文本，在【插入】→【文本】组中单击"首字下沉"按钮 ，在打开的下拉列表中可选择预设的方案。

❷ 选择"首字下沉选项"命令，打开"首字下沉"对话框，在其中可设置首字下沉的位置和相关选项等，如图4-38所示。

❸ 单击 确定 按钮即可应用设置。

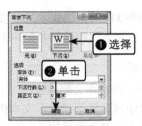

图4-38 设置首字下沉

添加中文拼音

在Word 2010中可为选择的中文文本添加拼音注释。

❶ 选择需添加中文拼音的文本，在【开始】→【字体】组中单击"拼音指南"按钮。

❷ 打开"拼音指南"对话框，通过设置下方的参数可对添加拼音的对齐方式、相对于文本的位置、拼音的字体和字号等进行设置，如图4-39所示。

❸ 完成设置后单击 确定 按钮。

图4-39 添加中文拼音

6. 案例——制作"招聘启事"文档

本案例通过制作"招聘启事"文档进一步巩固格式化文本、格式化段落与设置边框和底纹等知识。需要注意的是，一般的办公文书都有其固定的格式，格式化其中的文本或段落时应以固定格式为准。效果如图4-40所示。

图4-40 "招聘启事"文档效果

素材\第4课\课堂讲解\招聘启事.docx
效果\第4课\课堂讲解\招聘启事.docx

❶ 打开"招聘启事.docx"文档，选择标题文本，在"字体"组中单击"字体"下拉列表框右侧的下拉按钮 ，在打开的下拉列表中选择"黑体"选项。

❷ 保持文本的选择状态，在"字体"组中单击"字号"下拉列表框右侧的下拉按钮 ，在打开的下拉列表中选择"二号"选项，如图4-41所示。

图4-41 设置标题文本格式

❸ 利用相同的方法设置"招聘职位"所在行的字号为"小四"，在"字体"组中单击 B 按钮。

❹ 选择"工作性质"到"工作经验"几个段落文本，在"字体"组中单击 按钮，打开"字体"对话框，在"中文字体"下拉列表框中选择"楷体"选项，在"西文字体"下拉列表框中选择"Times New Roman"选项，单击 确定 按钮即可，如图4-42所示。

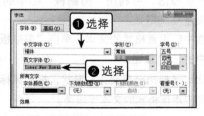

图4-42 设置字体

❺ 选择"一、职位描述"文本，在浮动面板中设置字号、字形为"小四、加粗"，然后单击"字体颜色"按钮 右侧的下拉按钮 ，在打开的下拉列表中选择红色，效果如图4-43所示。

图4-43　设置颜色

❻　设置"岗位工作"文本的字形为加粗，选择除标题和落款外的所有段落文本，在【开始】→【段落】组中单击　按钮。

❼　打开"段落"对话框，单击"缩进和间距"选项卡，在"特殊格式"下拉列表框中选择"首行缩进"选项，此时右侧的"磅值"将默认为"2字符"，如图4-44所示。

图4-44　设置段落格式

❽　单击　确定　按钮即可应用设置，使用相同的方法设置其他相应文本的格式，完成后的效果如图4-45所示。

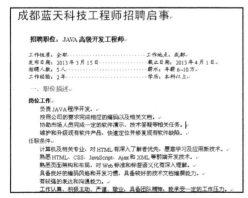

图4-45　设置其他段落文本格式

❾　选择标题段落文本，在"段落"组中单击"居中"按钮　，将标题设置为居中对齐。

❿　选择落款两个段落文本，在"段落"组中单击"右对齐"按钮　，将其设置为右对齐。

⓫　选择"招聘职位"到"工作经验"几个段落文本，在"段落"组中单击　按钮，在打开的下拉列表中选择"边框和底纹"命令，打开"边框和底纹"对话框。

⓬　单击"边框"选项卡，在"设置"列表框中选择"方框"选项，在"样式"列表框中选择双波浪线，在"颜色"下拉列表框中选择"浅橙色"选项，在右侧的"预览"栏中可即时查看设置的效果，分别单击　和　按钮，取消左右边框线，如图4-46所示。

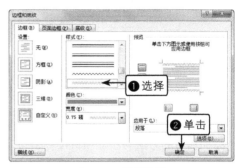

图4-46　设置边框

⓭　单击　确定　按钮，效果如图4-40所示。

⓮　选择最后的"合则约见，拒绝来访。"文本，在"字体"组中单击"字符底纹"按钮　，即可为选中的字符添加浅色底纹，至此完成制作。

4.1.4　添加项目符号和编号

为文档添加项目符号和编号可以使文档结构更分明，条理更清晰，下面具体讲解添加项目符号和编号的方法。

1. 添加项目符号

项目符号可以突出段落并列关系。在Word中可以可通过以下几种方法为选择的段落添加项目符号。

◎　**通过工具按钮设置：**若对添加的项目符号样式没有特殊要求，则选中需添加项目符号的段落，单击"段落"组中的"项目符号"按钮　，可直接应用默认的样式，也可在打开

的下拉列表中选择预设的样式。

◎ **通过对话框设置**：若需要设置项目符号的样式，则选中段落文本后，单击"段落"组中的"项目符号"按钮▤▾右侧的下拉按钮▾，在打开的下拉列表中选择"定义新项目符号"选项，打开"定义新项目符号"对话框，在其中可自定义项目符号样式，如图4-47所示。

图4-47 定义新项目符号

2．添加编号

编号主要用于具有前后顺序关系的段落文本。添加编号的方法与添加项目符号相同，这里不再赘述。

3．案例——为"招聘启事"文档添加项目符号和编号

本案例将通过为"招聘启事"文档中的相关段落添加项目符号和编号，以此突出段落间的层次关系，效果如图4-48所示。

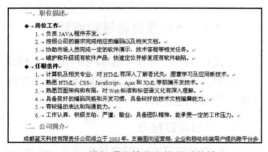

图4-48 添加项目符号和编号后的效果

 素材\第4课\课堂讲解\招聘启事.docx
效果\第4课\课堂讲解\招聘启事1.docx

❶ 打开"招聘启事"文档，选择"岗位工作"标题段落，在"段落"组中单击"项目符

号"按钮▤▾右侧的下拉按钮▾，在打开的下拉列表中选择如图4-49所示的项目符号即可应用设置。

图4-49 设置项目符号

❷ 选择"岗位工作"下面的文本内容，在"段落"组中单击"编号"按钮▤▾右侧的下拉按钮▾，在打开的下拉列表中选择如图4-50所示的编号即可应用设置。

❸ 用同样的方法为"任职条件"标题下的内容文本添加编号。

图4-50 设置编号

❹ 将光标插入点定位到"一、职位描述"段落中，双击"剪贴板"组中的 格式刷 按钮，此时鼠标指针将变成 形状，用鼠标拖动选中要粘贴格式的"二、公司简介"和"三、应聘方式"段落文本，可应用相同的格式。

❺ 单击 格式刷 按钮退出格式刷状态。再使用相同的方法复制其他格式到相应的段落中，完成后的效果如图4-48所示。

试一试

按照案例讲解的方法为相应段落文本添加样式为"☆"的项目符号。

4.2 上机实战

本课上机实战将分别制作"催款函"文档和"工作计划"文档。通过这两个文档的制作巩固和熟悉Word的文档编辑功能。

上机目标：

◎ **掌握Word 2010的基本操作。**

◎ **掌握输入与编辑文本的操作。**

◎ **掌握格式化文本与项目符号和编号的相关操作。**

建议上机学时：1.5学时。

4.2.1 制作"催款函"文档

1. 操作要求

蓝风联合贸易公司于2013年3月15日向福宝制衣发展有限公司订购了西服1800套，货款金额合计180万元。本例要求代表福宝制衣发展有限公司拟定一份催款函。催款函须格式正确、文字简练、表述清楚；同时语气诚恳、体贴和彬彬有礼，效果如图4-51所示。

图4-51 "催款函"文档效果

 效果\第4课\上机实战\催款函.docx
演示\第4课\制作"催款函".swf

具体操作要求如下。

◎ 在Word中创建文档，然后输入文本。

◎ 通过相关的对话框设置文本和段落格式，标题和称呼可用黑体类字体，使其突出。

2. 专业背景

催款函是一种催交款项的文书，是交款单位或个人在超过规定期限未按时交付款项时使用的通知书。相关要求如下。

◎ 催款函主要包括欠款单位的全称和账号、欠款的原因、欠款的时间、欠款的金额、发票号码、建议处理措施或意见等内容。

◎ 催款函的作用主要有查询、催收、凭证。催款函可及时了解对方单位拖欠款的原因，沟通信息，以便采取相应的对策和措施，协调双方的关系。

3. 操作思路

根据上面的操作要求，本例的操作思路如图4-52所示。

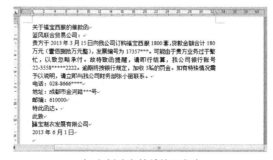

（a）新建文档并输入文本

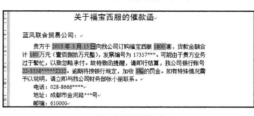

（b）设置格式

图4-52 制作"催款函"的操作思路

❶ 启动Word 2010程序，在新建的空白文档中

分别输入催款函标题、称呼、正文、落款等文字。

❷ 利用“字体”组和“段落”组将标题设置为“黑体、小三，居中对齐”，再通过“段落”对话框将其段前和段后间距设为“12磅”。

❸ 利用“字体”组将称呼设置为“黑体、小四”。

❹ 利用“段落”对话框将所有正文段落设置为首行缩进2字符，利用“字体”组将正文中的数字等特定内容添加浅色底纹。

❺ 利用“段落”组将落款设置为右对齐。

4.2.2 制作“工作计划”文档

1. 操作要求

本例要求对某造纸厂的一篇质量工作计划进行修改，参考效果如图4-53所示。

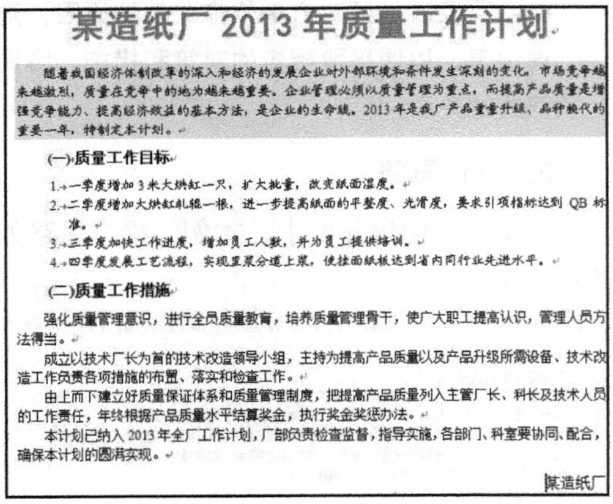

某造纸厂 2013 年质量工作计划

随着我国经济体制改革的深入和经济的发展企业对外部环境和条件发生深刻的变化，市场竞争越来越激烈，质量在竞争中的地为越来越重要。企业管理必须以质量管理为重点，而提高产品质量是增强竞争能力、提高经济效益的基本方法，是企业的生命线。2013 年是我厂产品重量升级、品种换代的重要一年，特制定本计划。

(一)质量工作目标

1. 一季度增加 3 米大烘缸一只，扩大批量，改变纸面湿度。
2. 二季度增加大烘缸轧辊一根，进一步提高纸面的平整度、光滑度，要求引项指标达到 QB 标准。
3. 三季度加快工作进度，增加员工人数，并为员工提供培训。
4. 四季度发展工艺流程，实现里浆分道上浆，使挂面纸板达到省内同行业先进水平。

(二)质量工作措施

强化质量管理意识，进行全员质量教育，培养质量管理骨干，使广大职工提高认识，管理人员方法得当。

成立以技术厂长为首的技术改造领导小组，主持为提高产品质量以及产品升级所需设备、技术改造工作负责各项措施的布置、落实和检查工作。

由上而下建立好质量保证体系和质量管理制度，把提高产品质量列入主管厂长、科长及技术人员的工作责任，年终根据产品质量水平结算奖金，执行奖金奖惩办法。

本计划已纳入 2013 年全厂工作计划，厂部负责检查监督，指导实施，各部门、科室要协同、配合，确保本计划的圆满实现。

某造纸厂

图4-53　“工作计划”文档效果

素材\第4课\上机实战\工作计划.docx
效果\第4课\上机实战\工作计划.docx
演示\第4课\制作“工作计划”.swf

◎ 将“2011年”替换为“2013年”。

◎ 将落款日期修改为“2012年12月25日”。

◎ 设置标题和落款的对齐方式，修改段落的缩进和小标题的行距等，使文档条理清晰。

2. 操作思路

本例对文档进行编辑，编辑时将综合运用替换操作、格式化文本等知识点，本例的操作思路如图4-54所示。

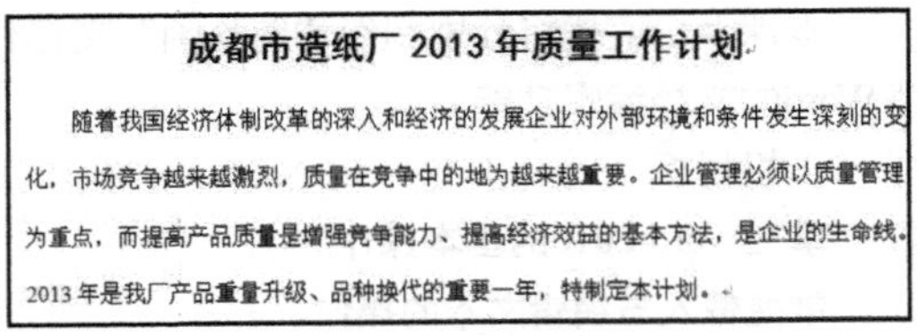

成都市造纸厂 2013 年质量工作计划

随着我国经济体制改革的深入和经济的发展企业对外部环境和条件发生深刻的变化，市场竞争越来越激烈，质量在竞争中的地为越来越重要。企业管理必须以质量管理为重点，而提高产品质量是增强竞争能力、提高经济效益的基本方法，是企业的生命线。2013 年是我厂产品重量升级、品种换代的重要一年，特制定本计划。

（a）打开文档并替换日期

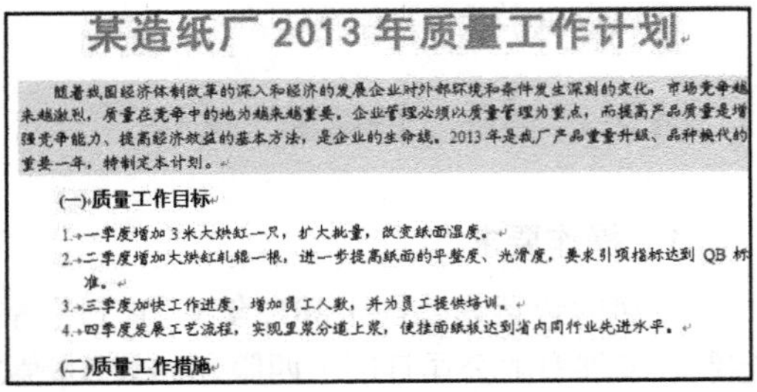

某造纸厂 2013 年质量工作计划

随着我国经济体制改革的深入和经济的发展企业对外部环境和条件发生深刻的变化，市场竞争越来越激烈，质量在竞争中的地为越来越重要。企业管理必须以质量管理为重点，而提高产品质量是增强竞争能力、提高经济效益的基本方法，是企业的生命线。2013 年是我厂产品重量升级、品种换代的重要一年，特制定本计划。

(一)质量工作目标

1. 一季度增加 3 米大烘缸一只，扩大批量，改变纸面湿度。
2. 二季度增加大烘缸轧辊一根，进一步提高纸面的平整度、光滑度，要求引项指标达到 QB 标准。
3. 三季度加快工作进度，增加员工人数，并为员工提供培训。
4. 四季度发展工艺流程，实现里浆分道上浆，使挂面纸板达到省内同行业先进水平。

(二)质量工作措施

（b）设置格式

图4-54　制作“工作计划”的操作思路

❶ 打开“工作计划.docx”文档，打开“查找与替换”对话框，将“2011年”替换为“2013年”，然后修改落款中的日期文本。

❷ 利用“字体”组和“段落”组将标题文本字号设置为“一号”，文字颜色和对齐方式设置为“红色、居中对齐”，再打开“字体”对话框，为其添加“阴文”文字效果。

❸ 选择第一段正文，设置为“楷体”、首行缩进2字符；打开“边框和底纹”对话框，在“底纹”选项卡中为其添加浅色底纹。

❹ 选择“质量工作目标”小标题，为其添加编号样式，再在“段落”对话框中设置为“1.5倍”行距，用格式刷复制格式到“质量工作措施”标题文本。

❺ 为“质量工作目标”小标题下的内容添加编号，再利用标尺设置其缩进效果。

❻ 参照上面给出的效果，对文档其他格式进行设置，从而完成制作。

4.3 常见疑难解析

问：Word允许复制不带任何格式的文本吗？

答： 可以。先复制文本，然后在【开始】→【剪贴板】组中单击"粘贴"按钮下侧的按钮，在打开的下拉列表中单击"只保留格式"按钮A即可，或选择"选择性粘贴"命令，打开"选择性粘贴"对话框，在"形式"列表框中选择"无格式文本"选项，单击 确定 按钮。

问：Word中字号最大为初号，如果要设置更大字号的字体，可以实现吗？

答： 可以。直接选中文字后，在"字号"下拉列表框中输入需要的字号大小便可，如输入"100"等。如果不知道将文本设置为多大的字号才合适，可以选择文本后按【Ctrl+]】键逐渐放大字号；按【Ctrl+[】键逐渐缩小字号。

问：在文档中使用自动编号，有些地方的编号需要重新从"1"开始，该怎样设置呢？

答： 可以选中应用了编号的段落，然后单击鼠标右键，在弹出的快捷菜单中选择"设置编号值"命令，在打开的对话框中可以输入新编号列表的起始值或选择继续编号。

4.4 课后练习

（1）创建一篇空白文档，输入如图4-55所示的内容，保存为"表彰通报.docx"文档。

（2）在该已输入内容的文档中进行字符格式和段落格式的设置，其中标题格式为"方正大标宋简体、二号、居中对齐"；称呼为"黑体、四号、2倍行距"；正文为"中文字体-宋体、英文字体——Times New Roman、小四、首行缩进2字符"；"附：…"段落格式为"宋体、小四、加粗"，名单部分格式为"楷体、小四"，部分文本添加了下划线效果；落款格式为"宋体、小四、右对齐"。

 效果\第4课\课后练习\表彰通报.docx　　　演示\第4课\制作"表彰通报".swf

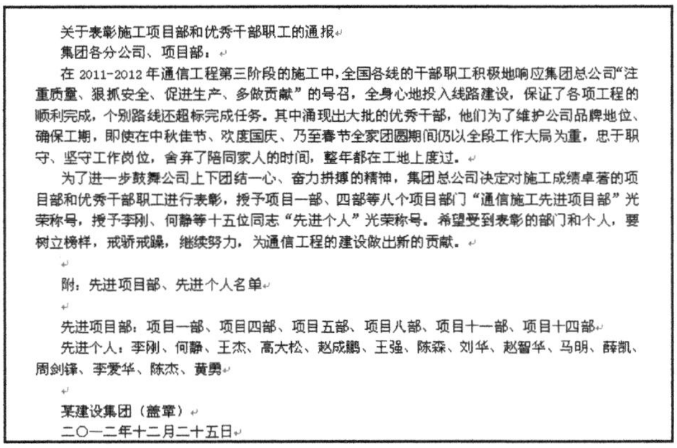

关于表彰施工项目部和优秀干部职工的通报
集团各分公司、项目部：
在 2011-2012 年通信工程第三阶段的施工中，全国各线的干部职工积极地响应集团总公司"注重质量、狠抓安全、促进生产、多做贡献"的号召，全身心地投入线路建设，保证了各项工程的顺利完成，个别路线还提前完成任务。其中涌现出大批的优秀干部，他们为了维护公司品牌地位、确保工期，即使在中秋佳节、欢度国庆、乃至春节全家团圆期间仍以全段工作大局为重，忠于职守、坚守工作岗位，舍弃了陪同家人的时间，整年都在工地上度过。
为了进一步鼓舞公司上下团结一心、奋力拼搏的精神，集团总公司决定对施工成绩卓著的项目部和优秀干部职工进行表彰，授予项目一部、四部等八个项目部门"通信施工先进项目部"光荣称号，授予李刚、何静等十五位同志"先进个人"光荣称号。希望受到表彰的部门和个人，要树立榜样，戒骄戒躁，继续努力，为通信工程的建设做出新的贡献。

　　附：先进项目部、先进个人名单

先进项目部：项目一部、项目四部、项目五部、项目八部、项目十一部、项目十四部。
先进个人：李刚、何静、王杰、高大松、赵成鹏、王强、陈森、刘华、赵智华、马明、薛凯、周剑锋、李爱华、陈杰、黄勇。

某建设集团（盖章）
二O一二年十二月二十五日

图4-55 输入文档内容

第 5 课
排版与打印Word文档

老师：学习了使用Word编辑文档后有什么收获？

学生：Word是文档编辑的好帮手，学了前面的知识，我能制作出一些简单的文书了。但图文混排、表格的制作、批量排版以及打印文档等操作，现在还是不能独立完成。

老师：接下来就会告诉你这些操作的方法，另外还会介绍如何在Word中使用样式以提高办公效率。

学生：那太好了！我已经迫不及待了。

学习目标

▶ 掌握美化文档内容的操作

▶ 掌握制作表格的相关方法

▶ 掌握邮件合并功能的使用

▶ 熟悉使用样式提高工作效率的方法

▶ 熟悉页面设置和打印文档的操作

5.1 课堂讲解

在实际工作中，不仅需要学会利用Word输入与编辑文字，还应学会如何利用Word进行排版与打印。本课堂将主要讲述美化文档、表格制作、邮件合并功能、应用样式、页面设置与打印等知识。通过本课讲解并结合前面所学的知识，基本上就具备处理一般文档的能力了。

5.1.1 美化文档内容

在Word文档中除了可以输入文本和字符外，还可以插入图片、艺术字、文本框和形状、SmartArt图形等对象。通过这些对象的插入可以使文档内容更加丰富，更具观赏性。

1.插入剪贴画和图片

可以在文档中插入Office 2010自带的剪贴画或电脑中保存的图片文件等，下面具体讲解其方法。

插入剪贴画

Office 2010自带了多种剪贴画，可以根据不同的需要选择插入。

❶ 将光标插入点定位在文档中需插入剪贴画的位置。在【插入】→【插图】组中单击"剪贴画"按钮，打开"剪贴画"任务窗格。

❷ 在"搜索文字"文本框中输入需搜索的剪贴画类型，在"结果类型"下拉列表框中可设置搜索的剪贴画类型，单击 搜索 按钮。

❸ 搜索到的剪贴画缩略图将显示在任务窗格中，如图5-1所示，单击所需缩略图，该剪贴画就会自动插入到文档的光标插入点处。

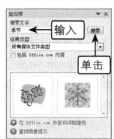

图5-1 "剪贴画"任务窗格

插入图片

在Word中，除了可以插入剪贴画外还可以插入图片文件。

❶ 将光标插入点定位在文档中需插入图片的位置，在【插入】→【插图】组中单击"图片"按钮，打开"插入图片"对话框。

❷ 在"文件位置"下拉列表框中选择图片保存的位置，在其下的列表框中选择需要插入的图片，如图5-2所示。单击 插入(S) 按钮即可在光标插入点处插入所选图片。

图5-2 "插入图片"对话框

设置图片

在文档中插入剪贴画或图片文件后，将激活"图片工具"的"格式"功能选项卡，在其中可以设置图片的相关属性，其中各组功能的含义如下。

◎ **"调整"组**：在该组中单击相应的按钮可对图片进行相应的效果处理，如删除图片背景、更改图片色调、添加艺术效果等。

◎ **"图片样式"组**：在该组中可为文档中的图片添加图片样式，如边框、效果、版式等。

◎ **"排列"组**：在该组中可设置图片在文档中的位置，如四周环绕、居中对齐等。

◎ **"大小"组**：在该组中单击 按钮将裁减图

片大小，在右侧的数值框中输入具体值可设置图片的缩放比例。

2. 插入艺术字

艺术字是指具有特殊效果的文字，在文档中插入艺术字会使文档更具视觉效果。

❶ 将光标插入点定位到文档中需插入艺术字的位置，在【插入】→【文本】组中单击"艺术字"按钮 ，在打开的下拉列表中可选择一种艺术字样式。

❷ 此时将插入艺术字文字框，并在文字框中输入需要的文字，在【图片工具】→【格式】→【艺术字样式】组中单击相应的按钮可设置艺术字的填充颜色、轮廓、效果等，如图5-3所示。

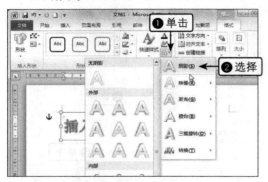

图5-3　编辑艺术字

3. 插入文本框

文本框是一种较为特殊的图形，在其中可放置文本或图片，其具体操作如下。

❶ 将光标插入点定位到文档中需插入文本框的位置，在【插入】→【文本】组中单击"文本框"按钮 ，在打开的下拉列表中选择"绘制文本框"选项，此时鼠标指针变为"+"形状。

> 提示：单击"文本框"按钮 后，可在弹出的下拉列表的"内置"栏中选择软件预设的文本框样式，自动添加文本框。另外，也可选择"绘制竖排文本框"选项，该选项用于绘制竖排的文本框。

❷ 在文档编辑区中拖动鼠标绘制即可，如图5-4所示。

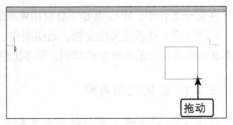

图5-4　插入文本框

4. 插入形状

Word提供了各式各样的形状，如线条、连接符、箭头和流程图等。利用这些形状可以非常方便地制作公司组织结构图和生产流程图等。

❶ 在【插入】→【插图】组中单击"形状"按钮 ，在打开的下拉列表中可选择一种形状。

❷ 此时鼠标指针变为"+"形状，在文档编辑区拖动鼠标绘制即可，如图5-5所示。

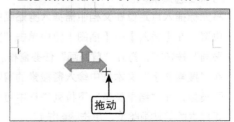

图5-5　绘制形状

5. 插入SmartArt图形

利用SmartArt图形可以快速地制作出美观的流程关系图，它由多个形状组合而成。

❶ 在【插入】→【插图】组中单击 SmartArt 按钮，打开"选择SmartArt图形"对话框，在左侧单击选择相应的图形选项卡，在右侧可选择需要的关系图形，如图5-6所示。

❷ 单击 确定 按钮，即可将图形插入到文档中，如图5-7所示。

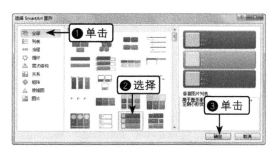

图5-6　"选择SmartArt图形"对话框

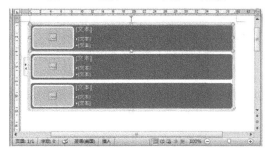

图5-7　插入的SmartArt图形效果

6. 案例——美化"公司简介"文档

"公司简介"文档主要目的在于宣传企业文化、规模、结构和主要经营范围等内容，通常用于招聘、招标、融资等场合。下面利用Word的相关功能来美化"公司简介"文档，本例完成后的最终效果如图5-8所示。

图5-8　美化"公司简介"文档效果

素材\第5课\课堂讲解\公司简介.docx
效果\第5课\课堂讲解\公司简介.docx

❶ 打开"公司简介"文档，将鼠标光标定位到第二段段落文本末，按【Enter】键换行，在

【插入】→【插图】组中单击 ，打开"插入图片"对话框，在其中选择提供的"车间"素材图片，如图5-9所示。

图5-9　插入图片

❷ 单击 插入(S) 按钮即可在光标插入点处插入所选图片，在【格式】→【大小】组中单击"裁剪"按钮，此时鼠标指针变为 形状，将鼠标指针移动到图片底端中间位置，按住鼠标左键不放向上拖动，指针变为 形状，到目标位置后释放鼠标，如图5-10所示。

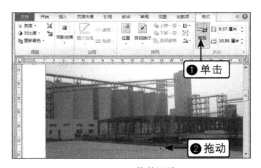

图5-10　裁剪图片

❸ 单击其他位置退出裁剪状态，将鼠标移至图片右下角节点上，当其变为 形状时，按住鼠标左键不放并向左上方拖动，到合适位置释放鼠标，缩小图片，如图5-11所示。

图5-11　调整图片大小

❹ 在"排列"组中单击"自动换行"按钮 ，

在弹出的下拉列表中选择"紧密型环绕"选项，然后将图片移动到文档的合适位置即可，如图5-12所示。

图5-12　调整图片位置

❺ 将文本插入点定位到"公司理念"的上一段，在【插入】→【插图】组中单击 SmartArt 按钮，打开"选择SmartArt图形"对话框，在左侧单击"层次结构"选项卡，在右侧选择第一个选项，如图5-13所示。

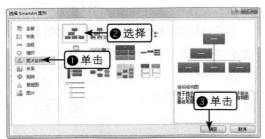

图5-13　选择图形类型

❻ 单击 确定 按钮插入结构图，单击 按钮，在第2行文本前单击鼠标右键，在弹出的快捷菜单中选择"升级"命令，然后调整右侧图形到如图5-14所示位置。

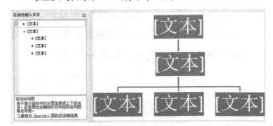

图5-14　调整图形结构

❼ 选择图形，分别在其中输入相应的文本，如图5-15所示。

❽ 在左侧窗格中的最后一行文字后定位文本插入点，然后按【Enter】键输入"技术中

心"，自动在"售后中心"后面添加图形。

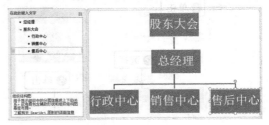

图5-15　添加文字

❾ 选择"行政中心"图形，单击鼠标右键，在弹出的快捷菜单中选择【添加形状】→【在下方添加形状】命令，然后输入"人力资源部"文本。

❿ 利用相同的方法为其他图形添加形状并输入文字，完成后效果如图5-16所示。

图5-16　添加其他形状

⓫ 在左侧的列表框右上角单击 按钮，关闭输入面板，在【设计】→【SmartArt样式】组中选择"细微效果"选项，如图5-17所示。

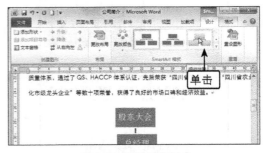

图5-17　更改图形样式

⓬ 在正文末尾定位鼠标指针，按【Enter】键换行，在【插入】→【文本】组中单击"艺术字"按钮，在打开的下拉列表框中选择"渐变填充-黑色轮廓-外部阴影-白色"样式。

⓭ 在其中输入文本，在【格式】→【艺术字样

式】组中单击"文字效果"按钮，在弹出的下拉列表中选择【转换】→【朝鲜鼓】选项，如图5-18所示。

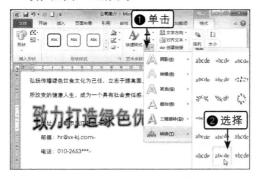

图5-18 设置艺术字形状

⑭ 选择插入的艺术字，在"排列"组中单击"自动换行"按钮，在打开的下拉列表中选择"四周型环绕"选项，效果如图5-19所示，完成本例的制作。

图5-19 调整位置

🕐 **试一试**

在设置SmartArt图形时，在【设计】→【SmartArt样式】组中单击"更改颜色"按钮，试着修改图形的颜色。

5.1.2 制作Word表格

Word 2010具有强大的表格功能，它允许在文档中插入各种结构的表格以满足各种文书

的制作需要。

1. 插入表格

在Word文档中插入表格的方法一般有3种，下面分别介绍。

✒ **通过按钮插入**

使用"插入表格"按钮可快速插入表格。

❶ 将光标插入点定位到文档中需插入表格的位置，在【插入】→【表格】组中单击"表格"按钮按钮。

❷ 在打开的下拉列表的表格区中拖动鼠标选择需要的表格行数，然后释放鼠标即可插入选择的表格，如图5-20所示。

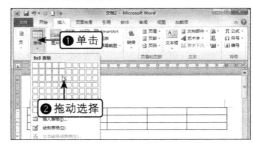

图5-20 通过按钮插入表格

✒ **通过对话框插入**

利用对话框可以在插入表格的同时，设置表格的样式。

❶ 在【插入】→【表格】组中单击"表格"按钮按钮，在打开的下拉列表中选择"插入表格"选项，打开"插入表格"对话框，在其中相应的数值框中输入列数和行数，如图5-21所示。

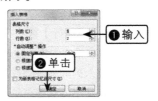

图5-21 "插入表格"对话框

❷ 单击 确定 按钮即可插入表格。

手动绘制

手动绘制表格可根据实际工作中的各种不同需求制作表格。

❶ 在【插入】→【表格】组中单击"表格"按钮 按钮，在打开的下拉列表中选择"绘制表格"选项。

❷ 此时鼠标指针变为 形状，在文档中需要绘制表格的位置拖动鼠标绘制即可，如图5-22所示。

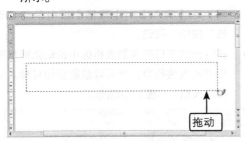

图5-22　绘制表格

2. 编辑表格内容

编辑表格内容是指对表格进行文本输入和设置等操作，下面具体讲解。

输入表格内容

在表格中输入文本的方法是：将鼠标指针移至表格中需输入文本的单元格处单击，定位光标插入点，然后输入文本即可。

插入行列或单元格

当发现表格的行、列或单元格不能满足文字的需要时，可在表格中插入行、列或单元格，其方法如下。

◎ 选择表格中要插入行的上一行或下一行，单击鼠标右键，在弹出的快捷菜单中选择【插入】→【在上方插入行】或【在下方插入行】命令，即可在相应的位置插入行。

◎ 选择表格中要插入列的前一列或后一列，单击鼠标右键，在弹出的快捷菜单中选择【插入】→【在左侧插入列】或【在右侧插入列】命令，即可在相应的位置插入列。

◎ 将光标插入点定位到要插入单元格的位置，

单击鼠标右键，在弹出的快捷菜单中选择【插入】→【插入单元格】命令，即可在相应的位置插入单元格。

删除表格内容

当输入错误文本或有不需要的行列或单元格时，可通过删除操作来完成，下面具体介绍。

◎ 选择不需要的文本，按【Delete】键删除，然后输入正确的文本即可。

◎ 选择表格中要删除的行或列，在【布局】→【行和列】组中单击"删除"按钮 ，在打开的下拉列表中选择"删除单元格""删除行""删除列"或"表格"选项即可删除选择的单元格、行、列或整个表格。

> 技巧：选择单元格、行、列后，单击鼠标右键，在弹出的快捷菜单中选择"删除单元格"命令，打开"删除单元格"对话框，在其中选中相应的单选项，单击 确定 按钮即可。另外，在表格的某个单元格中输入文本后，利用方向键可快速定位到表格中的其他单元格中，然后继续输入文本。

3. 美化表格

选择表格中的文本，然后按照美化文档中文本的方法对这些文本进行格式设置。这里所要介绍的美化表格，是指对表格框架的美化和表格中文本的对齐方式的设置等，其操作方法如下。

◎ 拖动鼠标选择表格中需设置对齐方式的文本，在选择的文本上单击鼠标右键，在弹出的快捷菜单中选择"单元格对齐方式"命令，在弹出的子菜单中可选择一种对齐方式。

◎ 将鼠标指针移至表格上，此时表格左上角将出现 图标，单击该图标选择整个图标，然后在【布局】→【单元格大小】组中单击"自动调整"按钮 ，在打开的下拉列表中选择一种调整方式。

◎ 将鼠标指针移至表格中的行线或列线上，当其变为双向箭头时，按住鼠标左键不放并拖动鼠标即可调整行高或列宽。

◎ 选择需要应用样式的表格，在【设计】→【表格样式】组中选择一种预设的样式可快速为表格设置样式。

> 技巧：选择整个表格或部分单元格后，在“表格样式”组中单击边框按钮右侧的下拉按钮，在打开的下拉列表中选择“边框和底纹”选项，打开“边框和底纹”对话框，在其中可为选择的表格进行边框和底纹设置。

4. 案例——制作“产品报价表”文档

表格在有些文档中占有十分重要的地位，因此需熟练掌握在Word中插入和使用表格。下面通过在Word中制作“产品报价表”来熟悉表格的插入和编辑方法，完成后的最终效果如图5-23所示。

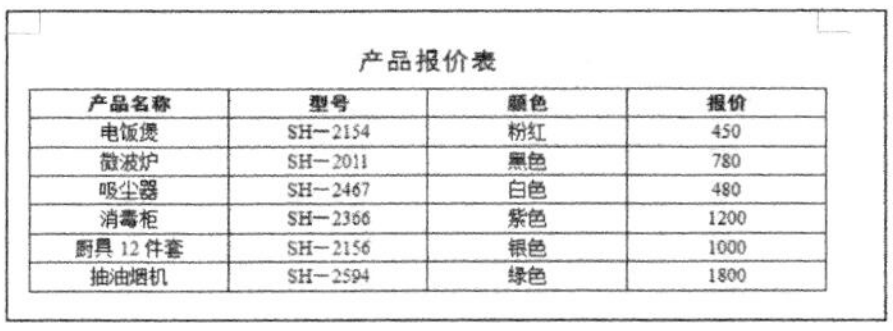

产品报价表

产品名称	型号	颜色	报价
电饭煲	SH-2154	粉红	450
微波炉	SH-2011	黑色	780
吸尘器	SH-2467	白色	480
消毒柜	SH-2366	紫色	1200
厨具12件套	SH-2156	银色	1000
抽油烟机	SH-2594	绿色	1800

图5-23　产品报价表

效果\第5课\课堂讲解\产品报价表.docx

❶ 新建一个空白文档，在其中输入表格标题并将其格式设置为“黑体、四号、居中”，如图5-24所示。

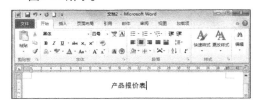

图5-24　输入表格标题并设置格式

❷ 按【Enter】键换行，在【插入】→【表格】组中单击“表格”按钮，在打开的下拉列表中选择“插入表格”选项。

❸ 打开“插入表格”对话框，在“表格尺寸”栏的“列数”和“行数”数值框中将列数和行数分别设置为“4”和“7”，如图5-25所示。

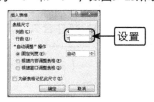

图5-25　设置表格行列数

❹ 单击确定按钮，此时将插入一个7行4列的表格，如图5-26所示。

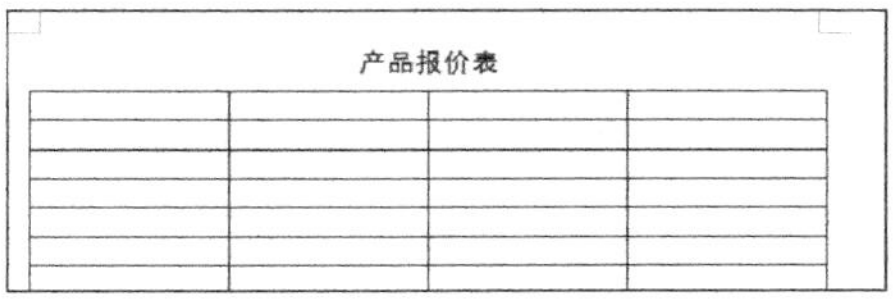

图5-26　插入的表格

❺ 将光标插入点定位到单元格中，输入需要的文本，效果如图5-27所示。

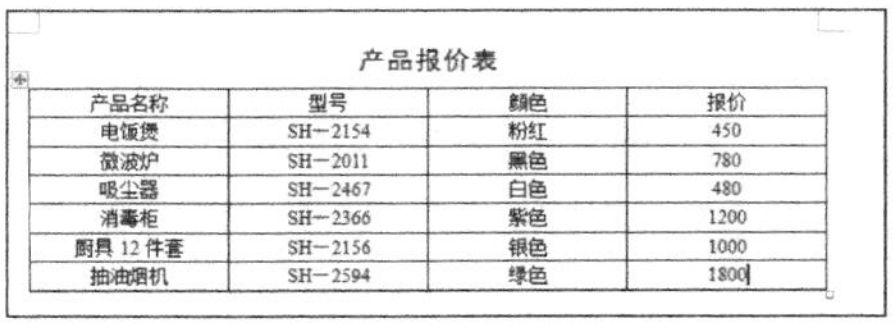

产品报价表

产品名称	型号	颜色	报价
电饭煲	SH-2154	粉红	450
微波炉	SH-2011	黑色	780
吸尘器	SH-2467	白色	480
消毒柜	SH-2366	紫色	1200
厨具12件套	SH-2156	银色	1000
抽油烟机	SH-2594	绿色	1800

图5-27　输入文本

❻ 拖动鼠标选择第一行单元格，在【开始】→【字体】组中设置字符格式为“黑体、加粗”，完成操作，效果如图5-23所示。

试一试

上例需要选择第一行单元格时，试试将鼠标指针移至该行左侧，当其变为↗形状时单击鼠标，看能否选择该行单元格。

5.1.3 使用邮件合并功能

在文秘办公工作中，经常会遇到同时发送多份邮件的情况，编辑邮件时在多份文档中反复输入大量的收件人信息会显得十分繁琐，使用Word邮件合并功能就能很方便地批量完成邮件的制作。邮件合并功能是指在主文档中批量引用数据源中的数据，生成具有相同格式的内容，并以指定的方式进行输出的操作。

1. 创建主文档

进行邮件合并的相关操作需要在主文档中进行，因此在进行邮件合并之前，需要先创建主文档。

❶ 在【邮件】→【开始邮件合并】组中单击 开始邮件合并 按钮。

❷ 在打开的下拉列表中选择需要的选项，设置主文档类型，如图5-28所示。

图5-28　选择主文档类型

2. 创建数据源

主文档创建完成后，必须将其连接到相应的数据源，才能引用数据源中的数据。在选择数据源时，可使用现有的列表，也可创建新列表。

❶ 在【邮件】→【开始邮件合并】组中单击 选择收件人 按钮。

❷ 在打开的下拉列表中选择"键入新列表"命令，打开"新建地址列表"对话框。

❸ 在对话框的表格中输入相应的信息，单击对话框左下角的 新建条目(N) 按钮，在表格中新建一个条目，如图5-29所示。

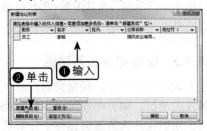

图5-29　新建条目

❹ 信息输入完成后单击 确定 按钮，在打开的"保存通讯录"对话框中设置数据源保存位置和名称，单击 保存(S) 按钮保存数据即可，

如图5-30所示。

图5-30　保存数据源

3. 开始邮件合并

数据源创建完成后就可以开始进行邮件合并。

❶ 在需要插入数据源中信息的位置处定位文本插入点，在【邮件】→【编写和插入域】组中单击 插入合并域 按钮。

❷ 在打开的下拉列表中选择需要插入的域名，如图5-31所示。

图5-31　插入合并域

4. 完成邮件合并

将主文档与数据源进行链接后，即可完成邮件合并操作，并将文件以指定的形式输出。

❶ 在【邮件】→【预览结果】组中单击"预览结果"按钮。

❷ 此时即可在文档编辑区中查看收件人的预览效果，在"预览结果"组中单击相应的按钮，可切换列表中的记录，如图5-32所示。

图5-32　预览结果

❸ 在【邮件】→【完成】组中单击"完成并合并"按钮 ，在打开的下拉列表中选择"打印文档"命令。

❹ 在打开的"合并到打印机"对话框中选中"全部"单选项，单击 确定 按钮，如图5-33所示。

图5-33　合并到打印机

❺ 打开"打印机"对话框，在其中设置打印机和打印份数，单击 确定 按钮即可开始打印，打印完成后保存并关闭文档。再次打开对话框时将打开提示对话框，单击 是(Y) 按钮即可，如图5-34所示。

图5-34　打开文档提示

5．案例——制作"邀请函"文档

本案例将通过提供的"邀请函"文档进行邮件合并，然后生成批量的商务邀请函，以此来练习在Word中使用邮件合并功能的方法，本例完成后的最终效果如图5-35所示。

图5-35　"商务邀请函"文档效果

素材\第5课\课堂讲解\邀请函.docx
效果\第5课\课堂讲解\邀请函.docx

❶ 打开"邀请函.docx"文档，在【邮件】→【开始邮件合并】组中单击 开始邮件合并 按钮，在打开的下拉列表中选择"信函"选项。

❷ 在【邮件】→【开始邮件合并】组中单击 选择收件人 按钮，在打开的下拉列表中选择"键入新列表"命令，打开"新建地址列表"对话框。

❸ 在对话框的表格中输入相应的信息，单击空白区域即可，如图5-36所示。

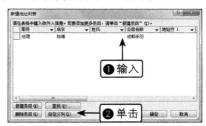

图5-36　输入信息

❹ 单击左下角的 自定义列(Z) 按钮，打开"自定义地址列表"对话框，单击 添加(A)... 按钮，打开"添加域"对话框，在其中输入"性别"，单击 确定 按钮，如图5-37所示。

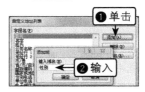

图5-37　添加域

❺ 返回"自定义地址列表"对话框，在"字段名"列表框中选择"名字"选项，然后单击右侧的 重命名(R)... 按钮，打开"重命名域"对话框，在其中输入"姓名"文本，如图5-38所示。

图5-38　重命名域

❻ 单击 确定 按钮，返回"自定义地址列表"对话框，单击 上移(U) 按钮两次，将其

移动到顶端，如图5-39所示。

图5-39 调整域顺序

❼ 在"字段名"列表中选择"姓氏"选项，然后单击 删除(D) 按钮，在打开的提示对话框中单击 是(Y) 按钮，如图5-40所示。

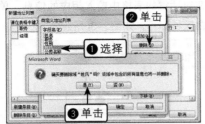

图5-40 删除域

❽ 使用相同的方法删除其他不需要的域，效果如图5-41所示，单击 确定 按钮返回。

图5-41 完成自定义列表操作

❾ 在对话框中单击 新建条目(N) 按钮，在表格中输入相关信息，使用相同的操作输入信息，完成后单击 确定 按钮，如图5-42所示。

图5-42 新建其他条目

❿ 在打开的"保存通讯录"对话框中设置数据源保存位置和名称，单击 保存(S) 按钮保存数据即可。

⓫ 返回文档编辑区，选择"××"文本，在【邮件】→【编写和插入域】组中单击 插入合并域 右侧的 按钮。

⓬ 在打开的下拉列表中选择"公司名称"选项，如图5-43所示。

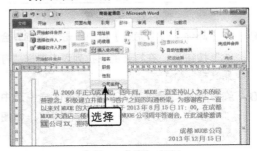

图5-43 插入合并域

⓭ 此时选择的域将插入到文档中，使用相同的方法插入其他域，效果如图5-44所示。

图5-44 插入合并域

⓮ 在【邮件】→【预览结果】组中单击"预览结果"按钮 。

⓯ 此时即可在文档编辑区中查看收件人的预览效果，在"预览结果"组中单击相应的按钮，可切换列表中的记录，如图5-45所示。

图5-45 预览结果

⓰ 在【邮件】→【完成】组中单击"完成并合并"按钮 ，在打开的下拉列表中选择"打印文档"命令。

⑰ 在打开的"合并到打印机"对话框中选中"全部"单选项，单击 确定 按钮即可。

⏱ 想一想

创建好的数据源是否还能进行编辑修改？

5.1.4 使用样式控制文档

样式是指具有固定格式的一种对象，当需要为多处文本或段落应用相同的样式时，逐个进行格式设置很麻烦。合理使用样式不仅可以减少设置相同格式时出现的错误，还能极大地提高工作效率。

1. 应用Word预设样式

Word 2010自带有多种预设样式，在编辑文档时可直接调用。应用样式的方法为：选择需应用样式的文本或段落（若是段落应用样式，则可直接将光标插入点定位到该段落中），在【开始】→【样式】组中单击"快速样式"按钮 ，在打开的下拉列表中选择需要的样式，如图5-46所示。

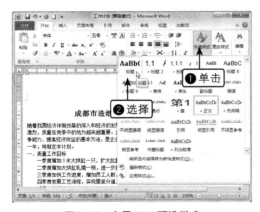

图5-46 应用Word预设样式

2. 修改样式

若觉得自带的样式与实际需要的效果有些出入，则可根据具体情况对样式进行修改。

❶ 在"样式"组中单击 按钮，打开"样式"任务窗格，在其中的列表框中找到需修改格式的样式，在其上单击鼠标右键，在弹出的快捷菜单中选择"修改"命令，如图5-47所示。

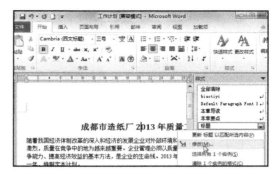

图5-47 选择命令

❷ 打开"修改样式"对话框，单击左下角的 格式⑩ 按钮，在打开的下拉列表中选择需修改对象对应的命令，如图5-48所示，然后在打开的对话框中根据需要进行修改即可。

图5-48 修改样式

❸ 完成修改后，已应用该样式的文本或段落会自动更改为修改后的样式，如图5-49所示。

图5-49 修改后的效果

3. 创建样式

若觉得Word自带的样式还不能满足需要，可创建新的样式。

❶ 在"样式"任务窗格中单击"新建样式"按钮🔢，打开"根据格式设置创建新样式"对话框，如图5-50所示。

图5-50 创建样式

❷ 在"名称"文本框中可定义新样式的名称，单击 格式⑩▼ 按钮，在弹出的菜单中可选择设置格式的对象，然后在打开的对话框中进行详细设置即可。

4. 案例——使用样式排版"节目单"文档

下面将通过对"节目单"文档进行排版来熟悉应用和修改样式的操作，完成后的参考效果如图5-51所示。

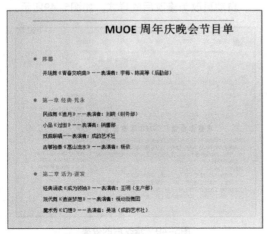

图5-51 "节目单"文档效果

 素材\第5课\课堂讲解\节目单.docx
效果\第5课\课堂讲解\节目单.docx

❶ 打开"节目单"文档，在标题文本中单击鼠标，定位光标插入点，在【开始】→【样式】组的列表框中选择"标题"选项。

❷ 在"样式"组中单击"功能扩展"按钮，在文档编辑区右侧打开"样式"窗格，窗格中默认显示了当前文档中的样式。

❸ 在"样式"窗格右下角单击"选项"超链接，如图5-52所示。

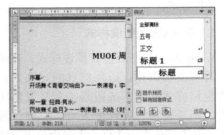

图5-52 打开对话框

❹ 打开"样式窗格选项"对话框，在"选择要显示的样式"下拉列表框中选择"推荐的样式"选项，如图5-53所示，单击 确定 按钮。

图5-53 打开对话框

❺ 选择需要应用样式的段落文本，在"样式"窗格中选择需要的选项，如图5-54所示。使用相同的方法，为其他文本应用样式。

图5-54 设置样式

❻ 在标题文本中单击鼠标，定位光标插入点。

在"样式"窗格中，将鼠标指针移到"标题"样式上，单击右侧出现的按钮，在打开的下拉菜单中选择"修改"命令，打开"修改样式"对话框，如图5-55所示。

图5-55 选择命令

❼ 在"格式"选区中单击如图5-56所示的按钮，然后单击 格式(O)▼ 按钮，在打开的下拉菜单中选择"字体"命令，打开"字体"对话框。

图5-56 修改段落格式

❽ 在"中文字体"下拉列表框中选择"方正中倩简体"选项，在"字号"下拉列表框中选择"小一"选项，在"所有文字"栏设置字体颜色、下划线线型和下划线颜色，如图5-57所示。

图5-57 修改字符格式

❾ 依次单击 确定 按钮确认设置，关闭对话框返回文档编辑区。光标插入点所在段落自动应用新建的样式，并在"样式"窗格中显示，如图5-58所示，完成本例制作。

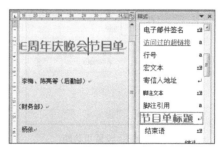

图5-58 完成设置

⏱ 试一试

利用 格式(O)▼ 按钮将"标题"样式的段前和段后间距均设置为"5磅"。

5.1.5 设置页面和打印文档

当完成对文档的编辑以及美化等操作后，还可对文档的页面进行设置，然后将文档打印出来。

1．页面设置

对页面进行设置可以使打印出来的文稿布局更加合理、结构更为清晰。

❶ 打开文档后，在【页面布局】→【页面设置】组中单击"功能扩展"按钮，打开"页面设置"对话框。

❷ 单击"纸张"选项卡，在"纸张大小"下拉列表框中选择纸张大小，如选择"16 开（18.4×26 厘米）"选项，如图5-59所示。

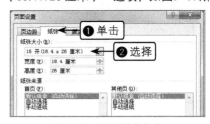

图5-59 设置纸张大小

❸ 单击"页边距"选项卡，在"页边距"选项组中的"上""下""左""右"数值框中输入相应的数值，如图5-60所示，单击 确定 按钮完成设置。

图5-60 设置页边距

> **技巧**: 在"页面设置"组中单击"页边距"按钮 ▥,在打开的下拉列表中选择相应的选项可快速设置页边距。

2. 设置页眉和页脚

页眉与页脚区域位于文档的上方和下方,主要用来显示文档名称、页数、当前页码、日期等辅助信息。

设置奇偶页不同

设置页眉和页脚时可为奇偶页设置不同的页眉页脚效果。

❶ 将光标插入点定位到文档开始位置,在【页面布局】→【页面设置】组中单击"功能扩展"按钮 ▣,打开"页面设置"对话框。

❷ 单击"版式"选项卡,在"页眉和页脚"栏中选中"奇偶页不同"复选框,如图5-61所示,单击 确定 按钮。

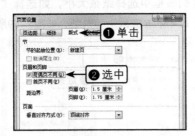

图5-61 设置奇偶页不同

添加页眉和页脚

设置奇偶页不同后可通过添加不同的页眉和页脚来美化文档效果。

❶ 在【插入】→【页眉和页脚】组中单击 页眉 按钮,在打开的下拉列表中选择需要的页眉样式,如图5-62所示。

图5-62 插入奇数页页眉

❷ 在【插入】→【页眉和页脚】组中单击 页眉 按钮,在打开的下拉列表中选择需要的页眉样式,如图5-63所示。

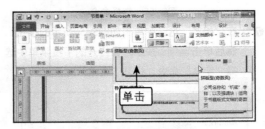

图5-63 插入奇数页页脚

❸ 页眉页脚呈可编辑状态,在其中修改相应的文本即可,为偶数页添加页眉页脚同理。完成后在【设计】→【关闭】组中单击"关闭页眉和页脚"按钮 ☒,退出编辑状态即可。

3. 打印文档

文档编辑完成后可将文档打印出来,下面简单讲解打印文档的方法。

打印预览

打印预览可帮助用户及时发现文档中的错误并加以更正,以免浪费纸张。方法是:选择【文件】→【打印】命令,在打开窗口的右侧可预览文档的打印效果,如图5-64所示。

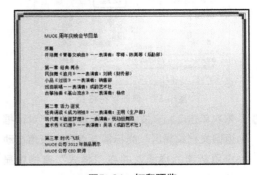

图5-64 打印预览

打印文档

打印预览完成后，即可开始设置并打印文档。

❶ 选择【文件】→【打印】命令，在"打印机"下拉列表中选择需要的打印机名称。

❷ 在"设置"栏的"打印范围"下拉列表框中选择相关的选项，在"份数"数值框中输入要打印的份数，如图5-65所示。

❸ 单击"打印"按钮🖨即可开始打印。

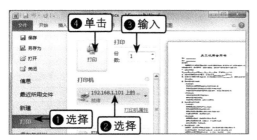

图5-65　设置并打印

4. 案例——设置并打印"合同"文档

下面将对"合同"文档进行页面设置，然后将其打印10份，打印预览效果如图5-66所示。通过本练习，可巩固页面设置和打印文档的方法。

图5-66　打印"合同"文档效果

素材\第5课\课堂讲解\合同.docx
效果\第5课\课堂讲解\合同.docx

❶ 打开"合同"文档，在【页面布局】→【页面设置】组中单击"功能扩展"按钮，打开"页面设置"对话框。单击"纸张"选项卡，在"纸张大小"下拉列表框中选择"A4"选项，如图5-67所示，然后单击 确定 按钮。

图5-67　设置纸张大小

❷ 在【插入】→【页眉和页脚】组中单击 页眉▾ 按钮，在打开的下拉列表中选择"年刊型"选项，如图5-68所示。

图5-68　设置页眉

❸ 在插入的页眉中输入"试用合同"文本，退出页眉页脚编辑状态，选择【文件】→【打印】命令，在右侧可预览打印效果，中间列表中可进行打印设置。如图5-69所示。

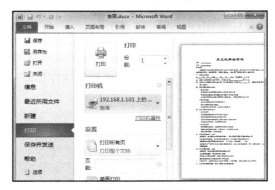

图5-69　设置打印

5.2 上机实战

本课上机实战制作"公司考勤表"和"联合公文"文档,通过这两个文档的制作再次熟悉本课讲解的知识。

上机目标:

◎ 熟练掌握表格的制作。

◎ 熟练掌握样式的应用。

◎ 熟练掌握文档的打印设置。

建议上机学时:1.5学时。

5.2.1 制作"公司考勤表"文档

1. 操作要求

本例将在Word中制作"公司考勤表"文档,参考效果如图5-70所示。

公司考勤表

姓名	迟到	早退	事假	病假	矿工
李韬					
张笑					
顾国强					
付德					
杨怡					
孙蜜					

图5-70 制作"公司考勤表"效果

效果\第5课\上机实战\公司考勤表.docx
演示\第5课\制作"公司考勤表".swf

具体操作要求如下。

◎ 新建文档,输入标题"公司考勤表",并为标题应用"标题3"样式。

◎ 插入表格并输入表格内容,然后将表头字体设置为"黑体"。

◎ 打印制作的文档。

2. 操作思路

根据上面的操作要求,本例的操作思路如图5-71所示。

公司考勤表

(a)新建文档并输入文本和表格

图5-71 制作"公司考勤表"的操作思路

公司考勤表

姓名	迟到	早退	事假	病假	矿工
李韬					
张笑					
顾国强					
付德					
杨怡					
孙蜜					

(b)设置格式

图5-71 制作"公司考勤表"的操作思路(续)

❶ 启动Word 2010,输入表格标题并为其应用"标题3"样式。

❷ 插入7行6列的表格并输入文本,将第一行文本的字体格式设置为"黑体"。

❸ 选择【文件】→【打印】命令,通过打开的对话框将制作的文档打印出来。

5.2.2 制作并打印"联合公文"文档

1. 操作要求

本例将使用Word制作"联合公文"文档,然后将其打印出来,效果如图5-72所示。

长樱德兰灯饰有限责任公司 设计部 生产部 文件

长樱德兰灯〔2013〕7号

关于在公司开展绿色创新设计工作的请示

董容会领导:

过一段时间来,国家相关部门倡导低碳生活,我公司是打物业界的知名企业,为了响应政府号召,提升产品性能,拟在我公司开展绿色创新设计工作。具体意见如下:

一、各设计部门要持绿色与创新思想融入设计理念中。

二、生产部门要严格监督质量,尤其是原材料。

图5-72 "联合公文"效果

效果\第5课\上机实战\联合公文.docx
演示\第5课\制作"联合公文".swf

具体操作要求如下。

◎ 输入联合公文内容。

◎ 插入表格并设置表格边框和文本格式。

2. 专业背景

联合公文一般由眉首、主体和版记组成。眉首即是公文头。主体由公文份数、秘密等级、保密期限、紧要程度、发文机关标识、发文号、签发人和红色反线以及版记组成。

3. 操作思路

本例可根据专业背景来编写，然后在末尾加上抄送的表格即可，本例的操作思路如图5-73所示。

关于在公司开展绿色创新设计工作的请示
董事会领导：
近一段时间来，国家相关部门倡导低碳生活，我公司是灯饰业界的知名企业，为了响应政府号召，提升产品性能，拟在我公司开展绿色创新设计工作。具体意见如下：
一、各设计部门要将绿色与创新思想纳入设计理念中。
二、生产部门需严格监督质量。
三、宣传部门应加强对创意产品进行宣传。
以上意见已经各部门领导同意，如无不妥，请批转各部门执行。
长樱德兰秘书部

（a）输入内容

图5-73 制作"联合公文"的操作思路

（b）设置公文头

（c）设置表格

图5-73 制作"联合公文"的操作思路（续）

❶ 新建Word文档，在其中输入需要的文本。

❷ 制作联合公文头，包括设置字体字号、颜色、对齐方式、添加图形和设置图形等。

❸ 设置正文文本字体格式，然后插入一个表格，在其中输入文本，并设置表格边框，完成后保存即可。

5.3 常见疑难解析

问：插入表格后还要进行美化，操作实在有些繁琐，有没有快速创建指定外观的表格的方法？

答：在Word 2010中除了插入和绘制表格进行美化外，还可套用表格格式快速美化表格。其方法是在【设计】→【表格样式】组中选择需要的表格样式。

问：在Word中插入的图片还可以进行编辑美化吗？

答：可以。插入图片后，将激活"图片工具"选项卡，在"格式"选项卡的"调整"和"图片样式"组中即可对图片的样式和效果进行再次编辑，如去除背景、更改饱和度等。

5.4 课后练习

（1）打开"公司简介.docx"文档，将其编辑为如图5-74所示的效果。

素材\第5课\课后练习\公司简介.docx　　　　　效果\第5课\课后练习\公司简介.docx
演示\第5课\制作"公司简介".swf

具体要求如下。

◎ 在标题位置插入第2行倒数第2个样式的艺术字"公司简介"，字符格式为"汉仪雁翎体简、40号"。

◎ 在标题下方绘制直线，并将其线型设置为"6磅"，线条颜色设置为"深青"。

◎ 在文档中依次插入素材图片"1.jpg""2.jpg""3.jpg""4.jpg""5.jpg""6.jpg"。

图5-74　"公司简介"文档效果

（2）创建一篇名为"工资条"的文档，在文档中制作一个员工的工资条表格。利用邮件合并功能，将"员工工资表.xlsx"导入到文档中。在表格对应的位置插入域，制作好第一个员工的工资条后，复制表格，在表格第一个单元格前插入一个"NEXT"域，然后将第二个员工的工资条复制多次，预览效果即可，如图5-75所示。

 素材\第5课\课后练习\员工工资表.xlsx　　　　　效果\第5课\课后练习\工资条.docx
演示\第5课\制作"员工工资表".swf

序号	姓名	年龄	职务	应领工资				应扣工资				实发工资	个人所得税	税后工资
				基本工资	提成	效益奖金	小计	迟到	事假	旷工	小计			
1	李刚	36	经理	3500	3600	600	7700	0	0	0	0	7700	1305	6395

序号	姓名	年龄	职务	应领工资				应扣工资				实发工资	个人所得税	税后工资
				基本工资	提成	效益奖金	小计	迟到	事假	旷工	小计			
2	张可	28	经理助理	3000	2500	400	5900			100	100	5800	925	4875

图5-75　插入域并查看效果

第6课
制作Excel表格

老师：前面学习了 Word，下面来学习使用 Office 的另一个组件 Excel 制作电子表格。

学生：老师，为什么我们已经能用 Word 制作表格了，却还要学习使用 Excel 呢？

老师：Word 2010 只能对一般的文本型数据进行编辑处理，而 Excel 2010 是专门针对表格制作而设计的软件，它具有处理数据类型多、计算功能强、数据管理安全便捷等 Word 不能企及的优点。

学生：原来是这样。那我们什么时候开始学习呢？

老师：下面先学习制作 Excle 表格的基本操作，然后循序渐进地掌握 Excel 的各种技巧。

学习目标

▶ 熟悉 Excel 2010 的操作界面

▶ 掌握工作簿、工作表和单元格的基本操作方法

▶ 掌握输入与编辑单元格数据的方法

▶ 掌握设置单元格格式的方法

▶ 了解打印工作表的方法

6.1 课堂讲解

本课堂先介绍Excel 2010的操作界面，然后学习工作簿、工作表和单元格的基本操作，以及输入与编辑表格数据、设置单元格格式以及打印工作表等知识。通过相关学习和案例的实践，使读者更好地掌握Excel，为以后在办公中处理各种表格打下良好基础。此外，由于Excel和Word都属于Office软件，两者之间有许多共性操作，因此将两者相关知识融会贯通，可以更快速地学会使用Excel。

6.1.1 Excel 2010的基本操作

启动Excel 2010后将看到其操作界面，熟悉该界面对编辑表格数据十分重要。下面先认识Excel 2010的操作界面，然后学习关于工作簿、工作表和单元格的操作方法。

1. 认识 Excel 2010 的操作界面

单击 按钮，选择【所有程序】→【Microsoft Office】→【Microsoft Excel 2010】命令，启动Excel 2010。其操作界面由快速访问工具栏、标题栏、选项卡、功能区、编辑栏、工作表编辑区、状态栏和视图栏等部分组成，如图6-1所示。其中标题栏、选项卡、功能区等部分的作用与Word 2010中相应部分相同，下面只对Excel 2010操作界面中特有的部分进行介绍。

图 6-1　Excel 2010 操作界面

编辑栏

编辑栏由名称框、编辑按钮和编辑框组成，如图6-2所示。

图 6-2　编辑栏

◎ **名称框**：主要用于显示当前单元格的地址或函数名称，还可用于定位单元格或者单元格区域。

◎ **编辑按钮**：单击 f_x 按钮将打开"插入函数"

对话框，可选择相应的函数并将其插入到表格中；当编辑框处于活动状态时，将显示✕和✓按钮，单击✓按钮可确认输入的数据；单击✕按钮可取消编辑区中输入的数据。

◎ **编辑框**：用于输入数据或公式。

工作表编辑区

工作表编辑区是Excel编辑数据的主要场所。主要由单元格、行号、列标、工作表标签和标签滚动按钮组组成，如图6-3所示。

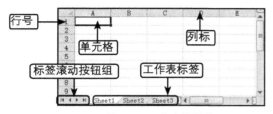

图6-3 工作表编辑区

◎ **单元格**：是存储数据最小的单位，在其中可以输入数据或公式等。

◎ **行号**：位于工作表编辑区的最左侧，用于定位单元格所在行的位置，且用数字显示，总共65536行。

◎ **列标**：位于工作表编辑区的最上方，用于定位单元格所在列的位置，且用大写英文字母显示，总共256列。

◎ **工作表标签**：系统默认只有3张工作表，其名称分别为"Sheet1""Sheet2"和"Sheet3"，也叫工作表标签，显示这些工作表名称的区域称为工作表标签显示区。

◎ **标签滚动按钮组**：位于工作表标签的左侧，由4个按钮组成，用于切换工作表。单击 按钮可切换到第一张工作表；单击 按钮可切换到当前工作表的上一张工作表；单击 按钮可切换到当前工作表的下一张工作表；单击 按钮可切换到最后一张工作表。

2. 工作簿的基本操作

工作簿是计算和储存数据的场所，每一个工作簿可以包含多张工作表。工作簿的新建、打开、保存和关闭操作方法与Word文档的相同，可参考学习。

3. 工作表的基本操作

通过工作表标签，可对Excel 2010中的工作表进行选择、插入、删除、移动、复制和重命名等基本操作，下面分别介绍。

选择工作表

当一个工作簿中包含多张工作表时，经常要进行选择工作表的操作，选择工作表分为以下几种。

◎ **选择单个工作表**：直接单击工作表标签或单击工作表标签按钮进行切换。

◎ **选择连续的工作表**：首先单击所需的第一个工作表标签，然后在按住【Shift】键不放的同时，单击另外一个工作表标签，可同时选中这两个工作表标签之间的所有工作表。

◎ **选择不连续的工作表**：首先单击所需的第一个工作表标签，然后在按住【Ctrl】键不放的同时，单击其他工作表标签即可。

◎ **选择全部工作表**：在任意一个工作表标签上单击鼠标右键，在弹出的快捷菜单中选择"选定全部工作表"命令，即可选择当前工作簿中所有的工作表，如图6-4所示。

图6-4 选择所有工作表

插入工作表

当工作簿中的工作表不够用时，可插入新的工作表。操作方法为：在任意一个工作表标签上单击鼠标右键，在弹出的快捷菜单中选择"插入"命令，打开"插入"对话框，在其中可根据需要插入空白工作表或带有一定格式的工作表。

提示：单击工作表标签区右侧的"插入工作表"按钮 ，可直接在最后一张工作表后面插入一张新的工作表。

删除工作表

当工作簿中出现多余的或不需要的工作表时，为了节约空间可将其删除。操作方法为：选择需要删除的工作表对应的工作表标签，在其上单击鼠标右键，在弹出的快捷菜单中选择"删除"命令即可删除。

移动工作表

在工作簿中移动工作表分为在同一工作簿中移动工作表和在不同工作簿间移动工作表两种情况。

在同一工作簿中移动工作表，其具体操作如下。

❶ 选择需移动的工作表对应的工作表标签，这里选择"Sheet2"工作表，并在其工作表标签上按住鼠标左键不放，此时鼠标指针变为 ▷ 形状并出现一个▼图标。

❷ 拖动鼠标至目标工作表标签区域后释放鼠标。这里拖动鼠标至"Sheet3"工作表标签区域后释放鼠标，"Sheet2"工作表即被移到"Sheet3"工作表的后面，如图6-5所示。

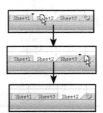

图6-5 在同一工作簿中移动工作表

在不同工作簿间移动工作表，其具体操作如下。

❶ 打开多个工作簿，并在其中选择需要移动的工作表对应的工作标签，在其上单击鼠标右键，在弹出的快捷菜单中选择"移动或复制"命令。

❷ 打开"移动或复制工作表"对话框，在"将选定工作表移至工作簿"下拉列表框中选择目标工作簿，在"下列选定工作表之前"列表框中选择目标工作表，如图6-6所示。

❸ 单击 确定 按钮完成移动操作。

图6-6 "移动或复制工作表"对话框

复制工作表

在工作簿中复制工作表分为在同一工作簿中复制工作表和在不同工作簿间复制工作表两种情况。它与移动工作表的方法类似，区别是在同一工作簿中复制时需按住【Ctrl】键；在不同工作簿间复制时，则需在"移动或复制工作表"对话框中选中 ☑建立副本(C) 复选框。

💡 提示：在【开始】→【单元格】组中单击"格式"按钮 🔳，在打开的下拉列表中选择"移动或复制工作表"命令，也可打开"移动或复制工作表"对话框。

重命名工作表

如果同一工作簿中工作表较多时，不便于区分和管理，就应对其进行重命名。其具体操作如下。

❶ 选择需要重命名的工作表对应的工作表标签，在其上单击鼠标右键，在弹出的快捷菜单中选择"重命名"命令或双击该工作表标签。

❷ 此时选择的工作表标签处于编辑状态，直接输入文本，然后按【Enter】键或在工作表的任意位置单击，即可退出编辑状态，图6-7所示为将"Sheet"工作表重命名为"基本信息表"。

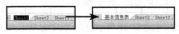

图6-7 重命名"Sheet"工作表

4. 单元格的基本操作

在编辑工作表的过程中，经常需要对单元格进行选择、插入、合并和拆分、清除和删除以及移动和复制等操作，下面分别进行介绍。

选择单元格

编辑单元格之前，需要先选择它，选择单元格分为以下几种。

◎ **选择单个单元格**：将鼠标指针定位到需选择的单元格处，单击即可选择该单元格。被选中的单元格边框呈粗黑线显示。

◎ **选择整行或整列**：单击某行的行号或某列的列号可以选择整行或整列单元格。

◎ **选择单元格区域**：单元格区域由多个连续单元格形成。选择单元格区域时，首先选择该区域中左上角的单元格，然后按住鼠标左键不放并拖动鼠标至该区域右下角的单元格处释放。

◎ **选择不相邻的单元格或单元格区域**：先选择某个单元格或单元格区域，然后按住【Ctrl】键不放并单击要选择的其他单元格或单元格区域。

◎ **选择所有单元格**：直接按住【Ctrl+A】键或单击行号"1"上方和列标"A"左侧的交叉空白区域。

插入单元格

当工作表中的单元格不能满足日常需要时，可插入单个、整行或整列的单元格。

❶ 将鼠标指针定位到需插入单元格的位置，在【开始】→【单元格】组中单击"插入"按钮下方的下拉按钮，在打开的下拉列表中选择"插入单元格"命令，打开"插入"对话框。

❷ 根据需要选中相应的单选项，然后单击 确定 按钮即可完成插入操作，如图6-8所示。

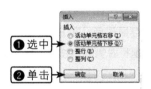

图6-8 "插入"对话框

> ⓘ 提示：多次插入单元格，将鼠标定位到要插入单元格的位置，再通过"插入"对话框或按【Ctrl+Y】键。

合并和拆分单元格

在编辑表格数据时，可将连续的多个单元格合并为一个单元格。当不需要合并时，再将其拆分出来。

◎ **合并单元格**：选择需合并的单元格区域，在【开始】→【对齐方式】组中单击 合并后居中 右侧的下拉按钮，在打开的下拉列表中选择"合并后居中"命令，则可将单元格区域合并为一个单元格，其中的数据自动居中显示。

◎ **拆分单元格**：单击"合并后居中"按钮，或单击该按钮右侧的下拉按钮，在打开的下拉列表中选择"取消单元格合并"命令即可将单元格拆分。

清除和删除单元格

清除单元格和删除单元格是两个不同的概念。清除单元格只是清除单元格中的内容，而单元格本身保留在工作表中；删除单元格则是将单元格本身及其中的数据全部删除。

◎ **清除单元格**：选择需清除的单元格，然后单击鼠标右键，在弹出的快捷菜单中选择"清除内容"命令即可清除单元格中的内容。

◎ **删除单元格**：选择需删除的单元格，在【开始】→【单元格】组中单击"删除"按钮下侧的下拉按钮，在打开的下拉列表中选择"删除单元格"命令，打开"删除"对话框，如图6-9所示，根据需要选中相应的单选项，然后单击 确定 按钮即可。

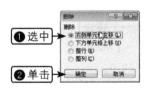

图6-9 "删除"对话框

移动和复制单元格

移动与复制单元格也是单元格基本操作中经常用到的操作，下面介绍具体的操作方法。

◎ **移动单元格**：选择要移动的单元格，在【开始】→【剪贴板】组中单击"剪切"按钮，此时所选单元格四周将出现一个虚线框，然后选择目标单元格，在【开始】→【剪贴板】组中单击"粘贴"按钮，即可实现移动单元格。

◎ **复制单元格**：复制单元格的方法与移动单元格的方法类似，只需将单击"剪切"按钮改为单击"复制"按钮即可。

5. 案列——制作"员工通讯录"工作簿

工作簿、工作表和单元格的操作在Excel 2010中最基本且很重要，熟悉这些操作可在实际工作中提高工作效率。下面将通过制作"员工通讯录"工作簿来巩固Excel 2010的启动，工作簿的新建、保存、关闭及工作表的重命名等操作。完成后的效果如图6-10所示。

图6-10 "员工通讯录"工作簿效果

效果\第6课\课堂讲解\员工通讯录.xlsx

❶ 单击 按钮，选择【所有程序】→【Microsoft Office】→【Microsoft Excel 2010】命令，启动 Excel 2010。

❷ 选择【文件】→【新建】命令，在打开的列表中直接单击 按钮，即可新建一个工作簿，如图 6-11 所示。

图 6-11 新建空白工作簿

❸ 选择 "Sheet1" 工作表，在工作表标签上双击，进入编辑状态，输入 "员工通讯录"，按【Enter】键确认输入，如图 6-12 所示。

图6-12 重命名工作表

❹ 选择【文件】→【保存】命令，打开"另存为"对话框。在保存位置下拉列表框中设置保存路径为"新加卷（D：）"；在"文件名"文本框中输入"员工通讯录"；在"保存类型"下拉列表框中选择"Excel 工作簿"选项，单击 保存(S) 按钮，如图 6-13 所示。

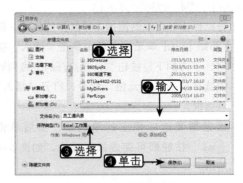

图6-13 设置保存信息

❺ 完成保存操作后，在 Excel 2010 工作窗口中单击标题栏右侧的 按钮，退出 Excel 2010。

试一试

在上述案例的第❸步和第❺步操作中，试试用其他方法完成这些操作。

6.1.2 输入与编辑单元格数据

选择单元格后，可以在其中输入文本、数字、特殊数据、时间和日期等，并可对输入的数据进行各种编辑。

1. 输入表格数据

在Excel中输入的数据主要分为普通数据、日期和特殊数据等。

输入普通数据

普通数据包括一般数值和文本等数据。输入这类数据的方法为：选择需要输入数据的单元格，直接输入数据后按【Enter】键或在编辑框中输入，然后按【Enter】键。图6-14所示为在A1单元格中输入"员工通讯录"文本。

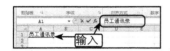

图 6-14 输入"员工通讯录"文本

输入日期

输入日期的方法与输入普通数据类似，但需按照一定的规则输入，如输入2013年8月19日，则需输入"2013-8-19"或"2013/8/19"。

输入特殊数据

特殊数据主要是指通过键盘无法输入的特殊符号，其输入方法与在Word中插入特殊字符的操作相似，可参考学习。

2. 填充表格数据

在表格中要快速准确地输入一些相同或有规律的数据，可使用Excel的快速填充数据功能。

填充相同数据

通过拖动鼠标的操作，可十分快捷且直观地填充相同的数据，其方法为：选择单元格，将鼠标指针移至被选单元格右下角，当出现一个╋形状的控制柄时，按住鼠标左键不放并拖动到目标单元格，释放鼠标后即可实现快速填充相同数据，如图6-15所示。

图 6-15 填充相同数据

填充序列

通过"序列"对话框可以对等差序列、等比序列和日期等有规律的数据进行快速填充。下面介绍具体的操作方法。

❶ 选择起始单元格和目标单元格之间的单元格区域，单击【开始】→【编辑】组中的"填充"按钮，在打开的下拉列表中选择"系列"命令。

❷ 在打开的"序列"对话框中的"序列产生在"栏设置填充数据的行或列，在"类型"栏设置填充数据的类型，在"步长值"文本框中设置序列之间的差值，在"终止值"文本框中设置填充序列的数量，完成后单击 确定 按钮，如图6-16所示。

图 6-16 "序列"对话框

> ❗ 注意：按住鼠标右键拖动控制柄填充数据时，在弹出的快捷菜单中的命令会根据起始数据的变化而不同。如在起始单元格中输入文本，则快捷菜单中仅有3个命令：复制单元格、仅填充格式、不带格式填充。

3. 修改表格数据

在表格中输入数据时，时常会出现漏输、错输或多输等情况，这时可以对表格中的数据进行修改。

◎ **添加数据**：选择需添加数据的单元格，将光标插入点定位到编辑框中需要添加数据的位置输入数据，或直接在需添加数据的单元格上双击鼠标，将光标插入点定位到单元格中，然后输入数据。

◎ **删除数据**：选择单元格，按【Delete】键将删除其中的所有数据。将光标插入点定位到编辑区或单元格中，可按Word中删除文本的方法删除单元格中的部分数据。

4. 案例——制作“基本信息”工作簿

输入与编辑表格中的数据，是制作工作簿的首要条件。下面将通过制作“基本信息”工作簿来练习普通数据的输入、日期的输入和数据的快速填充等操作。完成后最终效果如图6-17所示。

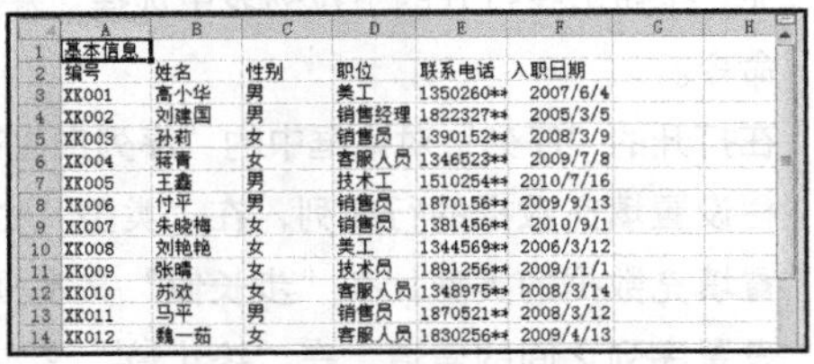

	A	B	C	D	E	F
1	基本信息					
2	编号	姓名	性别	职位	联系电话	入职日期
3	XK001	高小华	男	美工	1350260**	2007/6/4
4	XK002	刘建国	男	销售经理	1822327**	2005/3/5
5	XK003	孙莉	女	销售员	1390152**	2008/3/9
6	XK004	蒋青	女	客服人员	1346523**	2009/7/8
7	XK005	王鑫	男	技术工	1510254**	2010/7/16
8	XK006	付平	男	销售员	1870156**	2009/9/13
9	XK007	朱晓梅	女	销售员	1381456**	2010/9/1
10	XK008	刘艳艳	女	美工	1344569**	2006/3/12
11	XK009	张晴	女	技术员	1891256**	2009/11/1
12	XK010	苏欢	女	客服人员	1348975**	2008/3/14
13	XK011	马平	男	销售员	1870521**	2008/3/12
14	XK012	魏一茹	女	客服人员	1830256**	2009/4/13

图 6-17 “基本信息”工作簿效果

效果\第6课\课堂讲解\基本信息.xlsx

❶ 启动Excel 2010，选择A1单元格，切换至中文输入法，输入“基本信息”后按【Enter】键。

❷ 用相同的方法在A2:E14单元格区域中输入如图6-18所示的数据。

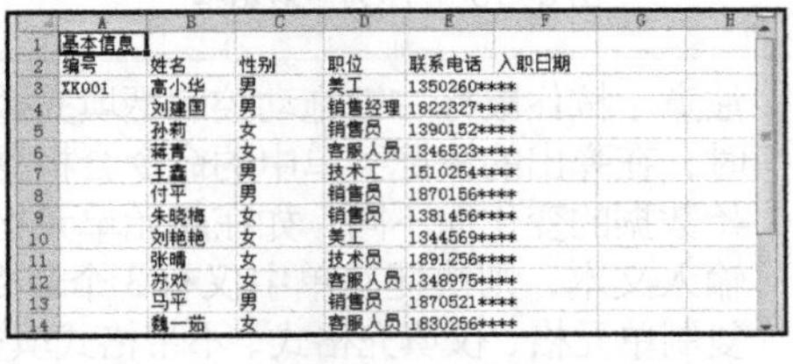

	A	B	C	D	E	F
1	基本信息					
2	编号	姓名	性别	职位	联系电话	入职日期
3	XK001	高小华	男	美工	1350260****	
4		刘建国	男	销售经理	1822327****	
5		孙莉	女	销售员	1390152****	
6		蒋青	女	客服人员	1346523****	
7		王鑫	男	技术工	1510254****	
8		付平	男	销售员	1870156****	
9		朱晓梅	女	销售员	1381456****	
10		刘艳艳	女	美工	1344569****	
11		张晴	女	技术员	1891256****	
12		苏欢	女	客服人员	1348975****	
13		马平	男	销售员	1870521****	
14		魏一茹	女	客服人员	1830256****	

图 6-18 输入普通数据

❸ 选择F3单元格，输入“2007/6/4”，然后按【Enter】键。

❹ 用相同的方法在F4:F14单元格区域中输入具体日期，如图6-19所示。

	A	B	C	D	E	F
1	基本信息					
2	编号	姓名	性别	职位	联系电话	入职日期
3	XK001	高小华	男	美工	1350260**	2007/6/4
4		刘建国	男	销售经理	1822327**	2005/3/5
5		孙莉	女	销售员	1390152**	2008/3/9
6		蒋青	女	客服人员	1346523**	2009/7/8
7		王鑫	男	技术工	1510254**	2010/7/16
8		付平	男	销售员	1870156**	2009/9/13
9		朱晓梅	女	销售员	1381456**	2010/9/1
10		刘艳艳	女	美工	1344569**	2006/3/12
11		张晴	女	技术员	1891256**	2009/11/1
12		苏欢	女	客服人员	1348975**	2008/3/14
13		马平	男	销售员	1870521**	2008/3/12
14		魏一茹	女	客服人员	1830256**	2009/4/13

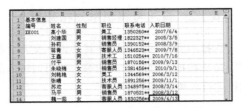

图 6-19 输入日期

❺ 选择A3单元格，按住【Ctrl】键不放的同时，将鼠标指针移至控制柄上，当其变为✚形状时按住鼠标左键不放并拖动至A14单元格，完成快速填充序列，如图6-20所示。

	A	B	C	D	E	F
1	基本信息					
2	编号	姓名	性别	职位	联系电话	入职日期
3	XK001	高小华	男	美工	1350260**	2007/6/4
4	XK002	刘建国	男	销售经理	1822327**	2005/3/5
5	XK003	孙莉	女	销售员	1390152**	2008/3/9
6	XK004	蒋青	女	客服人员	1346523**	2009/7/8
7	XK005	王鑫	男	技术工	1510254**	2010/7/16
8	XK006	付平	男	销售员	1870156**	2009/9/13
9	XK007	朱晓梅	女	销售员	1381456**	2010/9/1
10	XK008	刘艳艳	女	美工	1344569**	2006/3/12
11	XK009	张晴	女	技术员	1891256**	2009/11/1
12	XK010	苏欢	女	客服人员	1348975**	2008/3/14
13	XK011	马平	男	销售员	1870521**	2008/3/12
14	XK012	魏一茹	女	客服人员	1830256**	2009/4/13

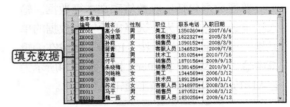

图 6-20 填充序列数据

试一试

在快速填充编号时，试试通过“序列”对话框来完成操作。

6.1.3 设置单元格格式

在表格中输入并编辑数据后，为了使表格更直观，可通过“设置单元格格式”对话框对表格中的数据进行设置。

1. 设置单元格数字格式

单元格的数字格式主要包括货币、日期、时间、百分比和分数等类型，用户可根据需要设置所需的数字格式，其设置方法主要有以下两种。

◎ 在【开始】→【数字】组中单击“常规”右侧的下拉按钮，在打开的下拉列表中选择所需的数字格式。

◎ 在【开始】→【单元格】组中单击“格式”按钮，在打开的下拉列表中选择“设置单元格格式”命令或按【Ctrl+1】键，打开“设置单元格格式”对话框，在“数字”选项卡中选择所需的数字格式并进行详细设置，如

图 6-21 所示。

图 6-21　设置数字格式

2. 设置单元格字体格式

设置单元格字体格式主要有以下两种方法。

◎ 在【开始】→【字体】组中单击"字体""字号""字形"和"字体颜色"按钮右侧的下拉按钮，在打开的下拉列表中选择所需选项。

◎ 打开"设置单元格格式"对话框，单击"字体"选项卡，在其中可按照 Word 中设置字体格式的方法对数据的字体格式进行设置。

3. 设置单元格对齐方式

设置单元格对齐方式主要有以下两种方法。

◎ 在【开始】→【对齐方式】组中单击相应按钮即可设置相应对齐方式。

◎ 打开"设置单元格格式"对话框，单击"对齐"选项卡，在其中也可以设置对齐方式，如图6-22 所示。

图 6-22　设置对齐方式

4. 设置单元格边框与底纹

设置单元格边框与底纹的方法分别如下。

◎ **设置单元格边框**：在【开始】→【字体】组

中单击按钮右侧的下拉按钮，在弹出的下拉列表中选择"其他边框"命令，打开"设置单元格格式"对话框，在其中进行详细设置。

◎ **设置单元格底纹**：在【开始】→【字体】组中单击按钮右侧的下拉按钮，在打开的下拉列表中选择各类填充颜色。

> ⚠ 提示：在"设置单元格格式"对话框中单击"填充"选项卡，在其中也可以设置所选区域的填充颜色、图案颜色和图案样式，以及其他颜色等。

5. 案列——美化"基本信息"工作簿

通过设置单元格格式可让制作的工作表更美观，结构更清晰，因此了解并熟悉单元格格式的设置方法是非常有必要的。下面将通过美化"基本信息"工作簿来巩固前面所介绍的知识，其中主要涉及数字格式、字体格式、对齐方式、边框和底纹的设置等。完成后最终效果如图6-23所示。

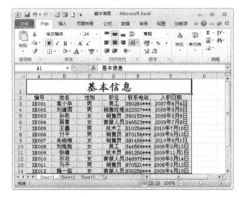

图 6-23　"基本信息"工作簿美化效果

> 效果\第6课\课堂讲解\美化"基本信息"工作簿.xlsx

❶ 打开前面制作的"基本信息"工作簿，选择A1:F1 单元格区域，单击【开始】→【对齐方式】组中的 合并后居中 按钮合并单元格。

❷ 在【开始】→【字体】组中设置"字体"为"华文楷体"，"字号"为"24"，并单击"加粗"按钮 B，如图 6-24 所示。

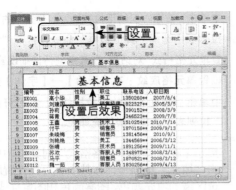

图 6-24　设置字体格式

❸ 选择 A2:F14 单元格区域，在【开始】→【对齐方式】组中单击 ▤ 按钮，设置数据的对齐方式，如图 6-25 所示。

图 6-25　设置对齐方式

❹ 选择 F3:F14 单元格区域，在【开始】→【数字】组中单击"常规"下拉列表框右侧的下拉按钮 ▼，在打开的下拉列表中选择"长日期"命令，效果如图 6-26 所示。

图 6-26　设置数字格式

❺ 选择 A2:F14 单元格区域，在【开始】→【字体】组中单击 ▦ 按钮右侧的下拉按钮 ▼，在打开的下拉列表中选择"其他边框"命令，打开"设置单元格格式"对话框，单击"边框"选项卡，分别选择外边框和内边框并设置线条样式和颜色，效果如图 6-27 所示。

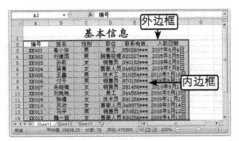

图 6-27　设置单元格边框

❻ 选择 A2:F14 单元格区域，在【开始】→【字体】组中单击 ◇ 按钮右侧的下拉按钮 ▼，在打开的下拉列表中选择需要设置的颜色，如图 6-28 所示，完成操作。

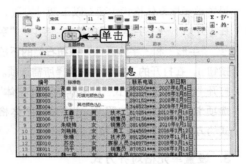

图 6-28　设置单元格底纹

⏱ 试一试

在上述操作中，试试利用"设置单元格格式"对话框进行字体格式设置。

6.1.4　打印工作表

打印Excel工作表的方法与打印Word文档的方法相似，下面介绍如何设置打印区域和打印内容。

◎ **设置打印区域**：选择工作表中需要打印的单元格区域，在【页面布局】→【页面设置】组中单击"打印区域"按钮 ▤，在打开的下拉列表中选择"设置打印区域"命令即可将选择的单元格区域设置为打印区域。

◎ **设置打印内容**：选择【文件】→【打印】命令或按【Ctrl+P】键，打开"打印"列表，在"设置"栏中选择打印范围。其中选择"打印活动工作表"将打印当前的工作表；选择"打印整个工作簿"将打印整个工作簿中的所有工作表；选择"打印选定区域"将打印当前设置好的打印区域，如图6-29所示。

图6-29　设置打印内容

6.2　上机实战

本课上机实战将分别制作"员工工资表"和"产品库存表"工作簿。通过对这两个工作簿的制作，进一步熟悉本课所讲的知识。

上机目标：

◎　掌握 Excel 2010 的启动与保存。

◎　掌握文本、数值、日期的输入。

◎　掌握数据的快速填充。

◎　掌握数字格式、字体格式，以及单元格边框和底纹的设置。

◎　掌握工作表的打印。

建议上机学时：1学时。

6.2.1　制作"员工工资表"工作簿

1. 操作要求

本例将利用Excel 2010制作"员工工资表"工作簿，完成后效果如图6-30所示。

图6-30　"员工工资表"工作簿效果

效果\第6课\上机实战\员工工资表.xlsx
演示\第6课\制作"员工工资表".swf

具体的操作要求如下。

◎　通过"开始"菜单启动 Excel 2010。

◎　将新建的工作簿以"员工工资表"为名进行保存。

◎　在 A1:F3 单元格区域和 B4:F12 单元格区域中输入相应的文本和数值，如图 6-31a 所示。

◎　快速填充 A4:A12 单元格区域，如图 6-31b 所示。

◎　合并 A1:F1 单元格区域，然后设置 A3:F12 单元格区域、A1 单元格和 A2:F2 单元格区域中文本的格式，如图 6-31c 所示。

◎　设置 C3:F12 单元格区域的数字格式，如图 6-31d 所示。

◎　设置 A1:F12 单元格区域的内边框和外边框的线条样式，如图 6-31e 所示。

◎　打印工作表。

2. 专业背景

员工工资表是每个公司必备的工作簿，为员工发放工资时都是按照工资表中统计的数据。该表格还需要详细列出工资各组成部分，如基本工资、绩效工资、提成和汇总工资等，以便员工核对数据反映差错。

3. 操作思路

根据上面的操作要求，本例的操作思路如图6−31所示。

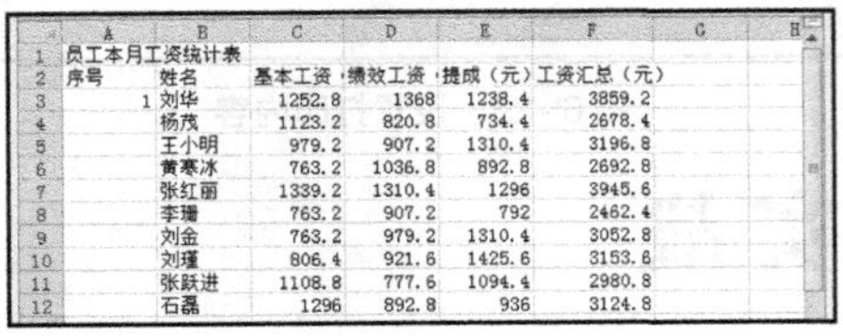

	A	B	C	D	E	F
1	员工本月工资统计表					
2	序号	姓名	基本工资	绩效工资	提成（元）	工资汇总（元）
3	1	刘华	1252.8	1368	1238.4	3859.2
4		杨茂	1123.2	820.8	734.4	2678.4
5		王小明	979.2	907.2	1310.4	3196.8
6		黄寒冰	763.2	1036.8	892.8	2692.8
7		张红丽	1339.2	1310.4	1296	3945.6
8		李珊	763.2	907.2	792	2462.4
9		刘金	763.2	979.2	1310.4	3052.8
10		刘瑾	806.4	921.6	1425.6	3153.6
11		张跃进	1108.8	777.6	1094.4	2980.8
12		石磊	1296	892.8	936	3124.8

（a）输入数据

	A	B	C	D	E	F
1	员工本月工资统计表					
2	序号	姓名	基本工资	绩效工资	提成（元）	工资汇总（元）
3	1	刘华	1252.8	1368	1238.4	3859.2
4	2	杨茂	1123.2	820.8	734.4	2678.4
5	3	王小明	979.2	907.2	1310.4	3196.8
6	4	黄寒冰	763.2	1036.8	892.8	2692.8
7	5	张红丽	1339.2	1310.4	1296	3945.6
8	6	李珊	763.2	907.2	792	2462.4
9	7	刘金	763.2	979.2	1310.4	3052.8
10	8	刘瑾	806.4	921.6	1425.6	3153.6
11	9	张跃进	1108.8	777.6	1094.4	2980.8
12	10	石磊	1296	892.8	936	3124.8

（b）填充数据

	A	B	C	D	E	F
1	员工本月工资统计表					
2	序号	姓名	基本工资	绩效工资	提成（元	工资汇总（元）
3	1	刘华	1252.8	1368	1238.4	3859.2
4	2	杨茂	1123.2	820.8	734.4	2678.4
5	3	王小明	979.2	907.2	1310.4	3196.8
6	4	黄寒冰	763.2	1036.8	892.8	2692.8

（c）设置字体格式

	A	B	C	D	E	F
1	员工本月工资统计表					
2	序号	姓名	基本工资（元	绩效工资（元	提成（元）	工资汇总（元）
3	1	刘华	¥1,252.80	¥1,368.00	¥1,238.40	¥3,859.20
4	2	杨茂	¥1,123.20	¥820.80	¥734.40	¥2,678.40
5	3	王小明	¥979.20	¥907.20	¥1,310.40	¥3,196.80
6	4	黄寒冰	¥763.20	¥1,036.80	¥892.80	¥2,692.80
7	5	张红丽	¥1,339.20	¥1,310.40	¥1,296.00	¥3,945.60
8	6	李珊	¥763.20	¥907.20	¥792.00	¥2,462.40
9	7	刘金	¥763.20	¥979.20	¥1,310.40	¥3,052.80
10	8	刘瑾	¥806.40	¥921.60	¥1,425.60	¥3,153.60
11	9	张跃进	¥1,108.80	¥777.60	¥1,094.40	¥2,980.80
12	10	石磊	¥1,296.00	¥892.80	¥936.00	¥3,124.80

（d）设置数字格式

	A	B	C	D	E	F
1	员工本月工资统计表					
2	序号	姓名	基本工资（元	绩效工资（元	提成（元）	工资汇总（元）
3	1	刘华	¥1,252.80	¥1,368.00	¥1,238.40	¥3,859.20
4	2	杨茂	¥1,123.20	¥820.80	¥734.40	¥2,678.40
5	3	王小明	¥979.20	¥907.20	¥1,310.40	¥3,196.80
6	4	黄寒冰	¥763.20	¥1,036.80	¥892.80	¥2,692.80
7	5	张红丽	¥1,339.20	¥1,310.40	¥1,296.00	¥3,945.60
8	6	李珊	¥763.20	¥907.20	¥792.00	¥2,462.40
9	7	刘金	¥763.20	¥979.20	¥1,310.40	¥3,052.80
10	8	刘瑾	¥806.40	¥921.60	¥1,425.60	¥3,153.60
11	9	张跃进	¥1,108.80	¥777.60	¥1,094.40	¥2,980.80
12	10	石磊	¥1,296.00	¥892.80	¥936.00	¥3,124.80

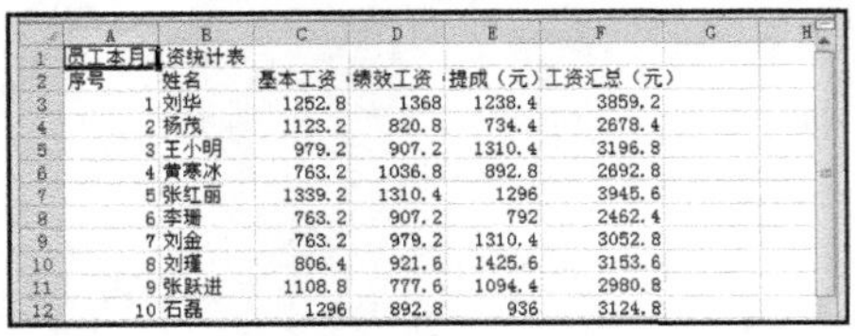

（e）设置单元格边框

图 6−31 制作“员工工资表”的操作思路

❶ 单击按钮，选择【所有程序】→【Microsoft Office】→【Microsoft Excel 2010】命令，启动 Excel 2010。

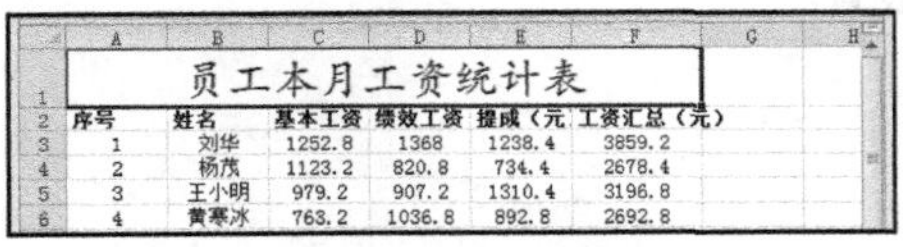

❷ 单击快速访问工具栏中的按钮，在打开的对话框新建工作簿，并以“员工工资表”为名进行保存。

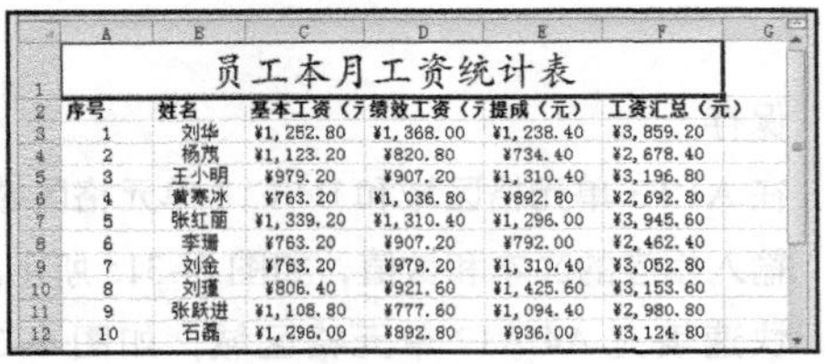

❸ 在 A1:F3 单元格区域和 B4:F12 单元格区域中输入具体的文本和数值。

❹ 选择 A3 单元格，拖动其控制柄至 A12 单元格，快速填充序号。

❺ 选择 A1:F1 单元格区域，单击按钮合并该单元格区域。

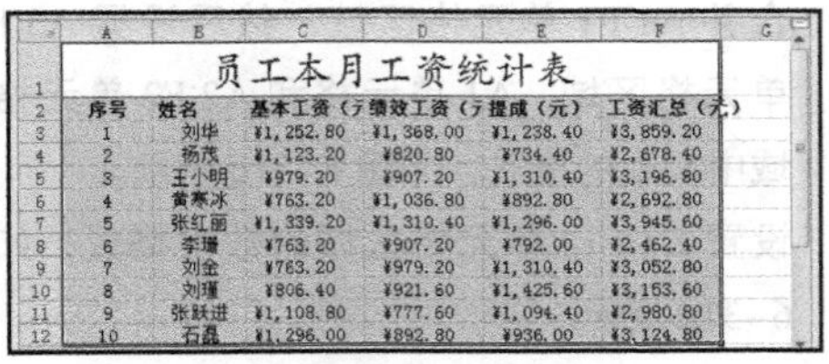

❻ 将 A1 单元格中数据的字体设置为“华文楷书、24”，加粗 A2:F2 单元格区域中的数据，并设置 A3:F12 单元格区域中数据的对齐方式为“居中对齐”。

❼ 通过“设置单元格格式”对话框将 C3:F12 单元格区域的数字格式设置为“货币”型。

❽ 通过“设置单元格格式”对话框将 A1:F12 单元格区域的内边框和外边框的线条样式、颜色分别设置为“┄┄”和“═══”。

❾ 选择【文件】→【打印】命令打印工作表。

6.2.2 制作“产品库存表”工作簿

1. 操作要求

本例将运用Excel制作“产品库存表”工作簿，完成后效果如图6−32所示。

	A	B	C	D	E	F
1	产品库存表					
2	产品编号	名称	净含量	单价（元	现有库存	记录日期
3	CD-0001	保湿霜	60g	18	20	2011/3/15
4	CD-0002	水润面贴膜	6片	99	3	2011/3/15
5	CD-0003	保湿乳液	100g	88	9	2011/3/15
6	CD-0004	控油面贴膜	6片	99	9	2011/3/15
7	CD-0005	活肤面贴膜	6片	99	12	2011/3/15
8	CD-0006	即时补水凝	30g	28	11	2011/3/15
9	CD-0007	亮白洁肤乳	30g	128	28	2011/3/15
10	CD-0008	眼部修护素	110g	68	16	2011/3/15
11	CD-0009	防晒露	60g	66	20	2011/3/15
12	CD-0010	晒后修护霜	50g	66	9	2011/3/15

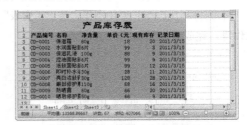

图 6−32 “产品库存表”工作簿效果

效果\第6课\上机实战\产品库存表.xlsx
演示\第6课\制作“产品库存表”.swf

具体的操作要求如下。

◎ 启动 Excel 2010，并以“产品库存表”为名保存工作簿。

◎ 输入相应的文本和数值。

◎ 填充单元格数据。

◎ 设置字体格式和数字格式。

◎ 设置工作表的底纹。

◎ 设置打印区域，并打印工作表。

2. 专业背景

产品库存表能够有效并且清晰地展现目前已有产品的规格、数量以及价格等产品要素，包含有产品编号、产品名称、单价、现有库存等数据。

3. 操作思路

根据上面的操作要求，本例的操作思路如图6-33所示。

（a）输入数据

（b）美化数据

图6-33　制作"产品库存表"工作簿的操作思路

（c）设置底纹

图6-33　制作"产品库存表"工作簿的操作思路（续）

❶ 单击 按钮，选择【所有程序】→【Microsoft Office】→【Microsoft Excel 2010】命令，启动 Excel 2010。

❷ 单击快速访问工具栏中的 按钮，通过打开的对话框中将新建工作簿，并以"产品库存表"为名进行保存。

❸ 在 A1:F3 单元格区域和 B4:F12 单元格区域中输入具体的文本和数值。

❹ 选择 A3 单元格，拖动其控制柄至 A12 单元格，快速填充产品编号。

❺ 选择 A1:F1 单元格区域，单击 按钮合并该单元格区域。

❻ 将 A1 单元格中数据的字体设置为"华文隶书、22"，加粗 A2:F2 单元格区域中的数据。

❼ 通过"设置单元格格式"对话框将 D3:D12 单元格区域的数字格式设置为"货币"型。

❽ 通过"设置单元格格式"对话框将 A1:F12 单元格区域的底纹颜色设置为"■"，设置外边框的线条样式设置为"━━━"。

❾ 选择【文件】→【打印】命令打印工作表。

6.3　常见疑难解析

问：为什么输入身份证号码时不能显示完整？

答：这是Excel对较长数据的处理方式，在身份证号码前输入"'"即可解决问题。

问：怎样快速选择较大范围内的单元格区域？

答：在制作大型表格时经常需要添加多条信息，为了避免重复设置单元格格式的麻烦，可选择较大的区域。如选择A3:K130单元格区域时，可先选择A3单元格，然后在名称框中输入"K130"，然后按【Shift+Enter】键即可快速选择该单元格区域。

6.4 课后练习

（1）制作"产品报价表"工作簿，完成后的效果如图6-34所示。

效果\第6课\课后练习\产品报价表.xlsx
演示\第6课\制作"产品报价表"工作簿.swf

具体的操作要求如下。

◎ 合并 A1:E1 单元格区域，并设置字体格式为"楷体、20、居中"。

◎ 拖动 A3 单元格控制柄至 A13 单元格，快速填充货物编号。

◎ 将 A2:E2 单元格区域的字体格式设置为"楷体、加粗"，将 C3:C13 与 E3:E13 单元格区域的数据格式设置为"货币"型。

◎ 将 A1:E13 单元格区的外边框样式设置为"▬▬▬▬▬"。

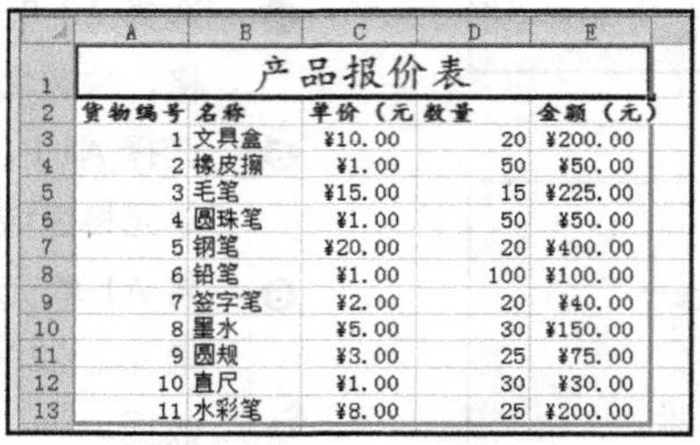

	A	B	C	D	E
1			产品报价表		
2	货物编号	名称	单价（元）	数量	金额（元）
3	1	文具盒	¥10.00	20	¥200.00
4	2	橡皮擦	¥1.00	50	¥50.00
5	3	毛笔	¥15.00	15	¥225.00
6	4	圆珠笔	¥1.00	50	¥50.00
7	5	钢笔	¥20.00	20	¥400.00
8	6	铅笔	¥1.00	100	¥100.00
9	7	签字笔	¥2.00	20	¥40.00
10	8	墨水	¥5.00	30	¥150.00
11	9	圆规	¥3.00	25	¥75.00
12	10	直尺	¥1.00	30	¥30.00
13	11	水彩笔	¥8.00	25	¥200.00

图 6-34 "产品报价表"工作簿效果

（2）制作"出差行程安排表"工作簿，完成后的效果如图6-35所示。

效果\第6课\课后练习\出差行程安排表.xlsx
演示\第6课\制作"出差行程安排表"工作簿.swf

具体的操作要求如下。

◎ 合并 A1:C1 单元格区域，并设置字体格式为"隶书、24、加粗、居中"。

◎ 将 A1:C8 单元格区域填充颜色为"▢"，并设置外边框为"▬▬▬▬"。

图 6-35 "出差行程安排表"工作簿效果

第 7 课
计算与管理Excel表格数据

学生：Excel是专门制作电子表格的软件，那么，它比起快捷使用Word制作表格，优势在哪里？

老师：使用Excel制作表格可以对数据进行计算，可以使用公式和函数计算一些复杂的数据，并且还能更加清晰地表现数据间的关系。

学生：看来使用Excel制作表格更加有利于数据的整理。

学习目标

▶ **掌握公式与函数的使用方法**

▶ **掌握管理数据的方法**

▶ **掌握图表的操作方法**

7.1 课堂讲解

本课堂主要讲述关于公式与函数的使用方法，数据排序、筛选以及图表的应用等知识。所讲知识是Excel功能的重要体现，也是实际工作中经常使用到的操作内容。建议在学习过程中结合实践练习，做到灵活运用、举一反三，为以后的学习和工作打下坚实基础。

7.1.1 计算数据

手动计算数据不仅速度慢，而且准确率不高，特别是表格中的数据量很多时，它的缺点就更为明显。利用Excel的公式和函数功能计算数据不仅速度更快、准确率更高，而且不受数据多少的影响，因此是文秘办公人员处理数据的必备技能。下面对如何在Excel中使用公式和函数进行讲解。

1. 认识公式与函数

公式和函数可以看作是Excel中一种特殊的数据，它们也像一般数据的添加、修改、删除等操作。而公式和函数作为一种特殊的数据，也必然有其特定的输入格式，表7-1中便详细对公式与函数的结构进行了介绍。

表7-1　公式与函数的结构

	公式	函数
书写格式	=B2+6*B3-A1	=SUM(A1:A6)
结构	由 =、运算符和参数构成	由 =、函数名、（ ）和参数构成
参数范围	常量数值、单元格、引用的单元格区域、名称或工作表函数	常量数值、单元格、引用的单元格区域、名称或工作表函数

2. 使用公式

在Excel中使用公式可直接输入需进行计算的常量和运算符，也可输入数据所在单元格的地址和运算符。

❶ 选择需输入公式的单元格，在编辑框中输入"="。

❷ 输入参与计算的数值或数值所在单元格的地址，并输入相应的运算符，如图7-1所示。

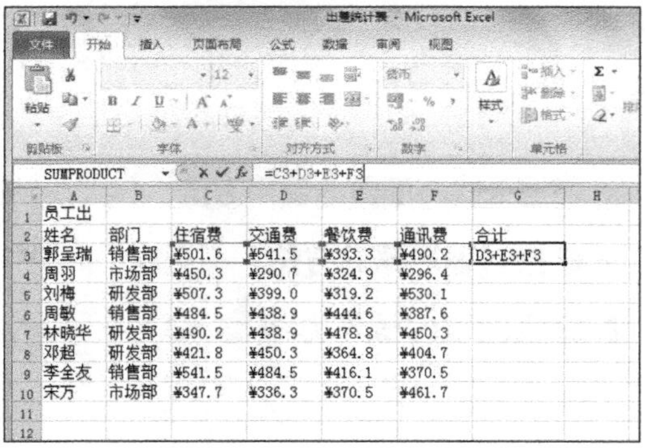

图7-1　输入公式内容

❸ 按【Enter】键即可在输入公式的单元格中得到结果，如图7-2所示。

图7-2　计算公式

❹ 根据需要可对公式进行移动、复制或填充，但若公式中包含引用的单元格地址时，会根据目标单元格的位置自动调整该地址，如图7-3所示。

图7-3 填充公式计算数据结果

3. 使用函数

函数可以看作是一种特殊的公式，若知道函数的格式，则可像输入公式一样在编辑区中直接输入函数的具体内容。当无法记住函数书写格式时，则可通过"插入函数"对话框进行插入。

❶ 选择存放函数的单元格，然后在【公式】→【函数库】组中单击"插入函数"按钮fx，打开"插入函数"对话框。

❷ 在"或选择类别"下拉列表框中选择函数类别，这里选择"数学与三角函数"选项；在"选择函数"列表框中选择该类别下的某一函数，这里选择"SUM"（求和函数）选项，单击 确定 按钮，如图7-4所示。

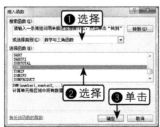

图7-4 选择函数

❸ 打开"函数参数"对话框，在"Number1"文本框中直接输入参与计算的单元格区域，也可单击右侧的 按钮，然后拖动鼠标快速选择单元格区域，这里设置为如图7-5所示的参数。

图7-5 设置函数参数

❹ 单击 确定 按钮，此时将根据设置的函数在所选单元格中显示结果，如图7-6所示。

图7-6 得到结果

提示：在编辑框中单击 fx 按钮也可打开"插入函数"对话框。

4. 案例——计算"员工工资表"数据

Excel 2010中的公式和函数变化较大，建议在实际工作和学习多总结，并反复练习。下面在"员工工资表"中利用公式计算每位员工的工资，并通过函数计算工资总和，完成后的效果如图7-7所示。

	补贴			应扣		实发工资
补助	餐补	交通费	电话费	社保	考勤	
.00	¥200	¥300	¥200	¥ 202.56	¥50	¥2,288
8.25	¥200	¥100	¥150	¥ 202.56	¥100	¥1,866
8.00	¥200	¥50	¥150	¥ 202.56	¥0	¥1,985
0.68	¥200	¥200	¥50	¥ 202.56	¥50	¥1,948
8.00	¥200	¥300	¥100	¥ 202.56	¥50	¥2,110
5.25	¥200	¥100	¥100	¥ 202.56	¥0	¥1,913
.00	¥200	¥100	¥100	¥ 202.56	¥50	¥1,984
8.00	¥200	¥200	¥100	¥ 202.56	¥100	¥2,055
5.00	¥200	¥50	¥100	¥ 202.56	¥50	¥1,842
5.90	¥200	¥100	¥100	¥ 202.56	¥50	¥1,934
8.00	¥200	¥100	¥200	¥ 268.30	¥50	¥2,255

图7-7 计算员工工资表

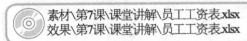

素材\第7课\课堂讲解\员工工资表.xlsx
效果\第7课\课堂讲解\员工工资表.xlsx

❶ 选择J4单元格，输入符号"="，编辑框中将同步显示输入内容。

❷ 依次输入要计算的公式内容"1200+200+441+200+300+200−202.56−50"，编辑框中将同步显示输入内容，如图7-8所示。

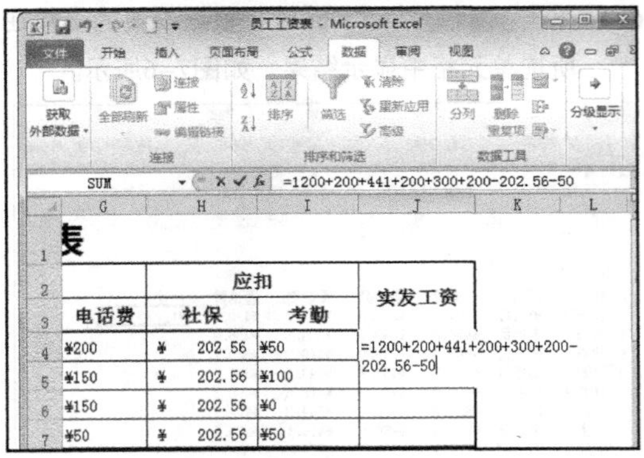

图7-8 输入公式内容

❸ 按【Enter】键确认输入，单元格中将显示计算的结果，编辑框中则显示公式，如图7-9所示。

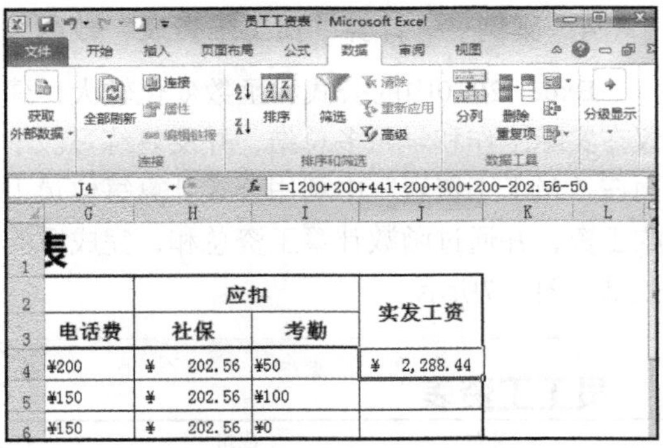

图7-9 计算结果

❹ 选择J5单元格，将文本插入点定位至编辑栏中，并输入"="。

❺ 输入"B5"，此时B5单元格周围自动出现蓝色边框，表示在J5单元格中引用B5单元格。

❻ 继续输入运算符号"+"和引用单元格C5，使用相同的方法在编辑框中输入剩余的公式内容，如图7-10所示。

图7-10 输入剩余的公式内容

❼ 输入完毕后按【Enter】键确认，单元格中自动显示计算结果，而编辑框中则显示引用了单元格的公式"=B5+C5+D5+E5+F5+G5−H5−I5"，如图7-11所示。

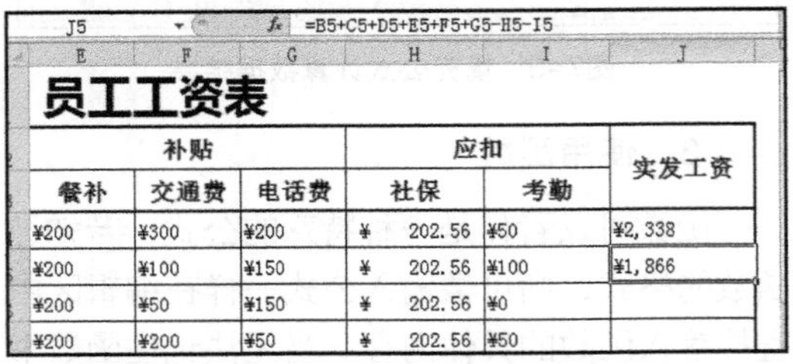

图7-11 计算公式

❽ 将鼠标指针移至J5单元格右下角的填充柄上，按住鼠标不放并拖动至J21单元格，释放鼠标即可计算出其他人员的工资，如图7-12所示。

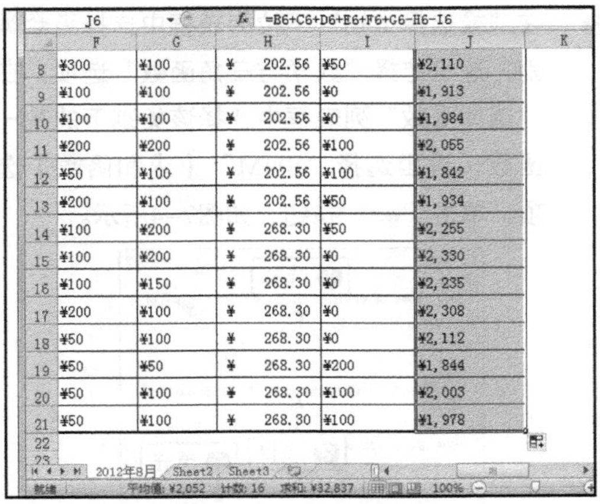

图7-12 计算其他人员工资

❾ 在I22单元格中输入"合计"文本，选择J22，然后在【公式】→【函数库】组中单击"插入函数"按钮 f_x，打开"插入函数"对话框。

⑩ 在“或选择类别”下拉列表框中选择“数学与三角函数”选项，在“选择函数”列表框中选择“SUM”选项，单击确定按钮，如图7-13所示。

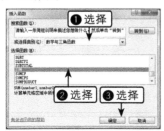

图7-13 选择函数

⑪ 打开“函数参数”对话框，在“Number1”文本框中直接输入参与计算的单元格区域，也可单击右侧的按钮，然后拖动鼠标快速选择单元格区域，这里设置为如图7-14所示的参数。

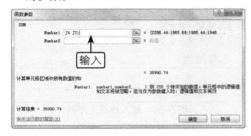

图7-14 设置函数参数

⑫ 单击确定按钮，此时将根据设置的函数在所选的单元格中得到正确的结果，如图7-15所示。

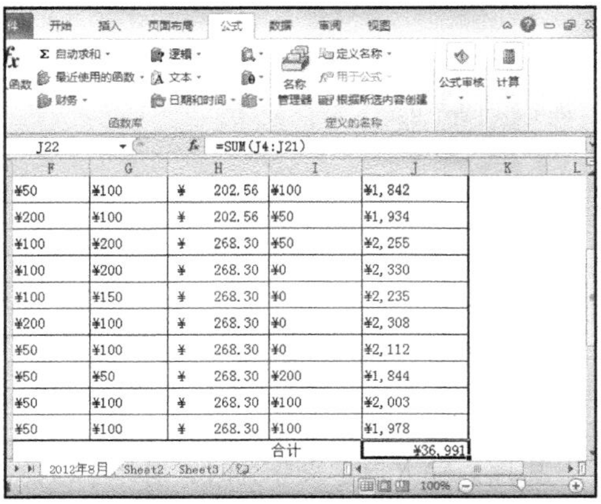

图7-15 计算其他人员工资

试一试

利用SUM函数求和时，试试在“函数参数”对话框中通过按钮重新设置单元格区域。

7.1.2 管理数据

当需要对表格中的数据进行查询、统计或分析时，可以使用Excel的排序数据、筛选数据、分类汇总、创建图表的功能。

1. 排序数据

数据排序是指对数据按从高到低降序排列或从低到高升序排列，以方便浏览信息。Excel 2010可进行简单排序、多重排序和自定义排序。

简单排序

简单排序是将表格数据按照升序或降序的方式进行排列，是分析数据时最常用的排序方式。

❶ 选择需要进行排序列中任意一个单元格。

❷ 在【数据】→【排序和筛选】组中单击“降序”按钮，此时该列数据将按由高到低的顺序进行自动排序，如图7-16所示。

2	姓名	商品名称	商品型号	合同金额	商品销售底价
3	汪大力	凤华顺空调（无氟）	大3P	¥8,520.0	¥7,200.0
4	汪大力	凤华顺空调（无氟）	大3P	¥8,520.0	¥7,200.0
5	董丽君	凤华顺空调（无氟）	3P	¥6,800.0	¥5,600.0
6	李炜丰	凤华顺空调（无氟）	大1P	¥3,210.0	¥200.0
7	沈亮	凤华顺空调（变频）	1.5P	¥2,680.0	¥2,000.0
8	林伟	凤华顺空调（变频）	3P	¥4,900.0	¥4,200.0
9	肖明亮	凤华顺空调（变频）	2P	¥2,880.0	¥2,100.0
10	李玉	凤华顺空调（变频）	1.5P	¥3,050.0	¥2,600.0
11	韩永强	凤华顺空调（变频）	2P	¥2,880.0	¥2,100.0
12	郭明亮	凤华顺空调（变频）	1.5P	¥3,050.0	¥2,600.0
13	赵敏	凤华顺空调	大2P	¥3,900.0	¥3,000.0
14	王顺友	凤华顺空调	1P	¥1,823.0	¥1,500.0
15	孙祥	凤华顺空调	大2P	¥7,000.0	¥6,100.0
16	钱锐	凤华顺空调	2P	¥4,500.0	¥3,900.0
17	李梅	凤华顺空调	3P	¥6,880.0	¥5,200.0
18	陈蔓蔓	凤华顺空调	2P	¥3,690.0	¥3,000.0

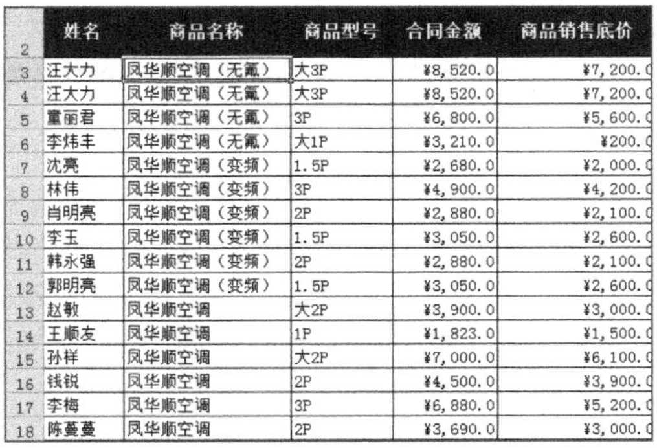

图7-16 对数据进行降序排列

多重排序

在对数据表中的某一字段进行排序时，出现一些记录含有相同数据而无法正确排序的情况，此时就需要另设其他排序依据进一步对这些记录进行排序。

❶ 选择数据表中的任意一个单元格，在“排序

和筛选"组中单击"排序"按钮。

❷ 打开"排序"对话框，在"主要关键字"下
拉列表框中选择需要排序列的名称选项，在
"排序依据"下拉列表框中选择需要的选
项，在"次序"下拉列表框中选择排序方
式，如图7-17所示。

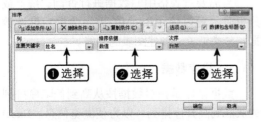

图7-17 设置主要排序依据

❸ 单击 添加条件(A) 按钮，添加"次要关键字"，
在添加的下拉列表框中设置次要排序依据，
如图7-18所示。

图7-18 设置次要排序依据

❹ 单击 确定 按钮，此时对数据表先按照主
要序列升序排序，对于主要序列中重复的数
据，则按照次要序列进行降序排序。

> 技巧：在Excel 2010中，除了可以对数字
> 进行排序外，还可以对字母或文本进行排
> 序。对于字母或文本，升序是从A到Z排
> 列；对于数字，升序是按数值从小到大排
> 列。降序则相反。

自定义排序

如果将数据按照除升序和降序以外的其他
次序进行排列，就需要自定义排序。

❶ 选择【文件】→【选项】命令，打开"Excel
选项"对话框，在左侧单击"高级"选
项卡，在右侧界面的"常规"栏中单击
编辑自定义列表(O)... 按钮，如图7-19所示。

图7-19 单击"编辑自定义列表"按钮

❷ 打开"自定义序列"对话框，在"输入序
列"列表框中输入自定义排序的序列字段，
如图7-20所示。

图7-20 输入自定义序列

❸ 单击 添加(A) 按钮，将自定义字段添加到左
侧的"自定义序列"列表框中，依次单击
确定 按钮完成自定义序列的设置，如图
7-21所示。

图7-21 添加自定义序列

> 技巧：设置自定义字段后才能进行自定义
> 排序。输入自定义序列时，各个字段之间
> 必须使用英文状态逗号或分号隔开，也可
> 以换行输入。

❹ 返回数据表后，选择其中任意一个单元格，单击"排序和筛选"组中的"排序"按钮。

❺ 打开"排序"对话框，在"主要关键字"下拉列表框中选择需要排序的选项，在"次序"下拉列表框中选择"自定义序列"选项，如图7-22所示。

图7-22 选择自定义序列

❻ 打开"自定义序列"对话框，在"自定义序列"列表框中选择新创建的序列，如图7-23所示。

图7-23 选择排序依据

❼ 单击 确定 按钮，返回"排序"对话框。选择不需要的字段，单击 ✕删除条件(D) 按钮删除多余的排序依据。单击 确定 按钮关闭对话框，即可自定义排序，如图7-24所示。

图7-24 确认排序依据

2. 筛选数据

数据筛选是指使Excel的表格中仅显示符合条件的数据，包括自动筛选、自定义筛选、高级筛选，下面具体讲解。

自动筛选

通过"自动筛选"功能可快速筛选出符合条件的字段记录并隐藏其他记录。

❶ 选择数据表中的任意单元格，单击"排序和筛选"组中的"筛选"按钮，此时列标题所在单元格右侧自动显示"筛选"按钮。

❷ 单击需筛选列标题所在单元格右侧的"筛选"按钮，在打开的下拉列表中只选中需显示数据的复选框，如图7-25所示。

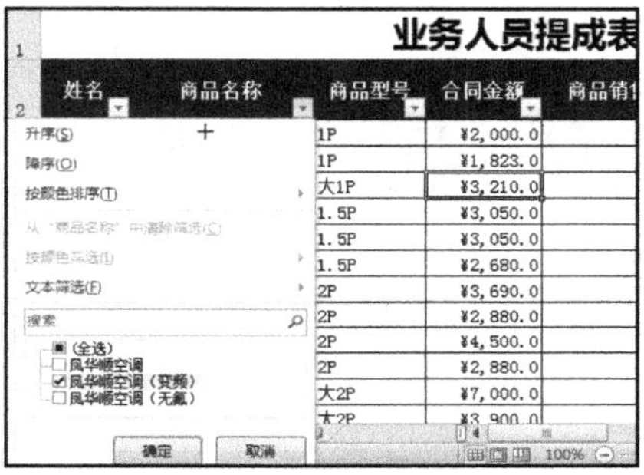

图7-25 选择筛选条件

❸ 单击 确定 按钮，此时数据表中只显示选中复选框对应的数据信息，其他的数据将全部隐藏。

自定义筛选

自定义筛选一般用于筛选数值型数据，通过设定筛选条件可将符合条件的数据筛选出来。

❶ 单击需要筛选数据单元格中的"筛选"按钮，在打开的下拉列表中选择相应的选项，在子列表中选择条件选项，如图7-26所示。

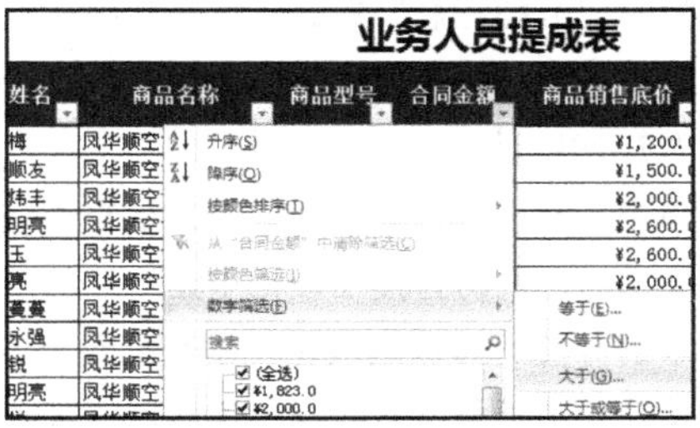

图7-26 选择筛选条件

❷ 打开"自定义自动筛选方式"对话框，在相

关下拉列表框右侧的文本框中输入起点值，单击 确定 按钮，如图7-27所示。

图7-27 自定义筛选条件

高级筛选

利用Excel提供的高级筛选功能，可轻松筛选出符合多组条件的数据记录。

❶ 在数据表以外的区域输入高级筛选条件，选择需要筛选数据的单元格区域，单击"排序和筛选"组中的"高级"按钮。

❷ 打开"高级筛选"对话框，设置列表区域和条件区域，然后单击 确定 按钮，如图7-28所示。

图7-28 自定义筛选条件

3. 分类汇总

分类汇总就是将数据表按照分类字段对相应的数据进行汇总，汇总结果可以是求和、求平均值等。

❶ 将数据表进行排序后，单击"分级显示"组中的"分类汇总"按钮。

❷ 打开"分类汇总"对话框，在其中设置"分类字段""汇总方式""选定汇总项"，如图7-29所示。

❸ 单击 确定 按钮，此时即可对数据表进行分类汇总，同时直接在表格中显示汇总结果。单击分类汇总数据表左侧垂直标尺上方的 1 按钮，将折叠所有数据，仅显示一级数据，如图7-30所示。

图7-29 选择分类字段

图7-30 显示一级数据

❹ 单击分类汇总数据表左侧垂直标尺上方的 2 按钮，将折叠所有三级数据，显示一级和二级数据，如图7-31所示。

图7-31 查看分类汇总

> 技巧：创建分类汇总后，数据表左侧会显示"折叠"按钮与"展开"按钮。单击"展开"按钮抓图，可展开对应的明细数据；单击"折叠"按钮抓图，则可将明细数据折叠起来，只显示汇总数据。另外，若要删除分类汇总，需要在"分类汇总"对话框中单击 全部删除 按钮。

4. 创建图表

将数据表以图表的方式展现有助于增强数据分析的条理性和观赏性。创建图表前需要创建或打开数据表，然后再根据数据表进行创建。

❶ 选择需要创建图表的单元格或单元格区域，在【插入】→【图表】组中的"柱形图"按钮，在打开的下拉列表中选择"簇状柱形图"选项。

❷ 此时即可在当前工作表中插入柱形图，图表中显示了选择区域的数据关系，如图7-32所示。

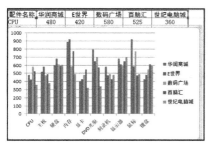

图7-32 插入图表

❸ 将鼠标指针指向图表中的某一系列，即可查看该系列对应的数据。

> 提示：单击"图表"组右下角的"展开"按钮，可打开"插入图表"对话框。该对话框中直观地罗列了所有图表类型与样式，用户可快捷地选择要采用的图表。

5. 美化图表

图表创建后还可进行一系列美化设置，图表创建后将自动激活"图表工具"功能选项卡，在其中有"设计""布局""格式"3个选项卡，通过这三个选项卡可对图表的外观和格式等进行设置，从而达到美化效果。

6. 案例——管理"员工销售业绩表"

本例练习在"员工销售业绩表"中管理和分析数据的方法。首先对销售总额进行排序，查看销售额最大和最小的员工信息，然后利用筛选功能，筛选出销售额高于某一数据的所有员工，最后汇总每个小组的总销售额，完成后的最终效果如图7-33所示。

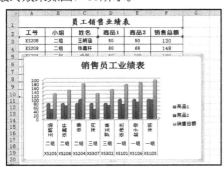

图7-33 管理员工销售数据表

素材\第7课\课堂讲解\员工销售业绩表.xlsx
效果\第7课\课堂讲解\员工销售业绩表.xlsx

❶ 单击含有数据的任意单元格，在【数据】→【排序和筛选】组中单击"排序"按钮，系统自动选择表格中包含数据的单元格区域，打开"排序"对话框。

❷ 在"主要关键字"下拉列表框中选择"销售总额"选项，在右侧"次序"下拉列表框中选择"升序"单选项，单击 确定 按钮，如图7-34所示。

图7-34 设置排序方式

❸ 系统将自动把销售总额从小到大进行排列，如图7-35所示。

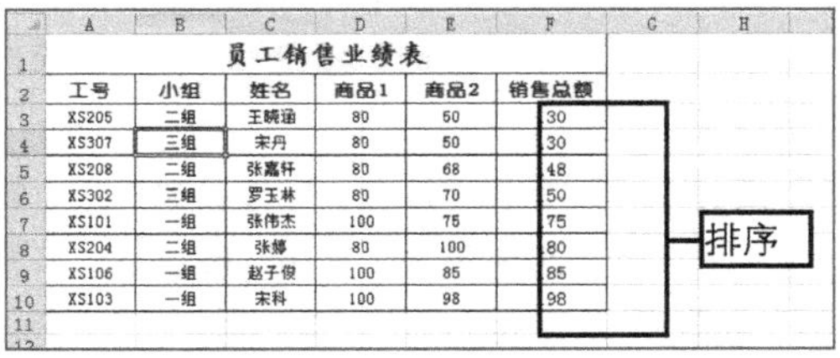

工号	小组	姓名	商品1	商品2	销售总额
XS205	二组	王晴涵	80	50	30
XS307	三组	宋丹	80	50	30
XS208	二组	张嘉轩	80	68	48
XS302	三组	罗玉林	80	70	50
XS101	一组	张伟杰	100	75	75
XS204	二组	张婷	80	100	80
XS106	一组	赵子俊	100	85	85
XS103	一组	宋科	100	98	98

图7-35 排序效果

❹ 单击"排序和筛选"组中的"筛选"按钮，此时列标题单元格右侧自动显示"筛选"按钮。

❺ 单击"销售总额"单元格右侧的"下拉"按钮，在打开的下拉列表中选择【数据筛选】→【自定义筛选】命令，打开"自定义自动筛选方式"对话框。

❻ 在"销售总额"的第一个下拉列表框中选择"大于或等于"选项，在第二个下拉列表框中输入"150"，如图7-36所示。

❼ 此时"员工销售数据表"工作簿中只显示销售总额大于或等于150的记录，单击"小组"单元格右侧的下拉按钮，在打开的下

拉中选中"一组"复选框，如图7-37所示。

图7-36 设置自定义筛选方式

图7-37 设置筛选数据

❽ 单击 确定 按钮，将筛选出第一小组销售总额大于或等于150的记录，如图7-38所示。

图7-38 显示筛选结果

❾ 查看筛选结果后，在【数据】→【排序和筛选】组中单击"筛选"按钮，将退出筛选状态。

❿ 选择A2:F10单元格区域，在【数据】→【排序和筛选】组中单击"排序"按钮，打开"排序"对话框，在"主要关键字"下拉列表框中选择"列B"选项，在"次序"下拉列表框中选择"升序"选项，单击 确定 按钮，此时"小组"列的数据将按升序方式排列，如图7-39所示。

图7-39 排序数据

⓫ 选择A2：F10单元格区域，在【数据】→【分级显示】组中单击"分类汇总"按钮，打开"分类汇总"对话框。

⓬ 在"分类字段"下拉列表框中选择"小组"

选项，在"汇总方式"下拉列表框中选择"求和"选项，在"选定汇总项"列表框中选中"销售总额"复选框，撤销选中"替换当前分类汇总"复选框，单击 确定 按钮，如图7-40所示。

图7-40 设置"分类汇总"对话框

⓭ 此时数据将以"小组"为分类字段，对销售总额进行求和，即计算每个小组的总销售额，单击编辑区左上角对应的按钮可进行查看，如图7-41所示。

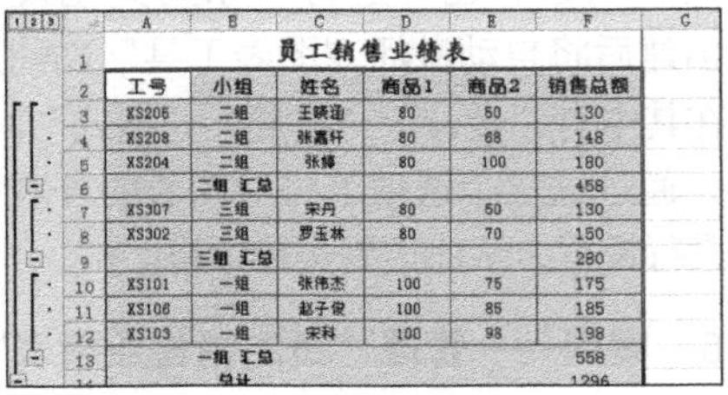

图7-41 查看分类汇总数据

⓮ 在【数据】→【分级显示】组中单击"分类汇总"按钮，打开"分类汇总"对话框，单击 全部删除(R) 按钮退出分类汇总。

⓯ 选择A2:F10单元格区域，在【插入】→【图表】组中的"柱形图"按钮，在打开的下拉列表中选择"三维簇状柱形图"选项，如图7-42所示。

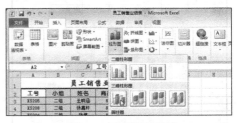

图7-42 选择图表类型

⓰ 此时即可在当前工作表中插入柱形图，在【设计】→【图表样式】组中单击"其他"

按钮，在打开的下拉列表中选择"样式
26"选项，如图7-43所示。

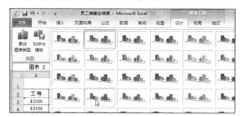

图7-43　更改图表样式

图7-44　设置图表标题

⑰ 在【布局】→【标签】组中单击"图表标
题"按钮，在打开的下拉列表中选择"图表
上方"选项，如图7-44所示，完成制作。

⏱ 试一试

试着修改上例创建的图表样式和文字格式。

7.2　上机实战

本课的上机实战将分别制作"员工提成表"和"销量统计表"工作簿。通过这两个工作簿的制作，巩固和熟悉Excel在数据计算和数据管理方面的作用。

上机目标：

◎　熟练掌握公式和函数的使用。

◎　熟练掌握图表的使用。

建议上机学时：1.5学时。

7.2.1　制作"员工提成表"

1. 操作要求

本例将利用提供的"员工提成表"工作簿，对员工销售提成表进行统计和计算，参考效果如图7-45所示。

员工提成表					
工号	姓名	任务	销售业绩	任务完成额	提成
DL001	张伟杰	¥10,000.00	¥7,500.00	75%	1600
DL002	罗玉林	¥8,000.00	¥7,000.00	88%	2000
DL003	宋科	¥10,000.00	¥9,800.00	98%	3560
DL004	张婷	¥8,000.00	¥10,000.00	125%	3600
DL005	王晓动	¥8,000.00	¥4,500.00	56%	500
DL006	赵子俊	¥10,000.00	¥8,500.00	85%	2300
DL007	宋丹	¥8,000.00	¥5,000.00	63%	700

图7-45　"员工提成表"工作簿效果

💿 素材\第7课\上机实战\员工提成表.xlsx
效果\第7课\上机实战\员工提成表.xlsx
演示\第7课\制作"员工提成表".swf

具体的操作要求如下。

◎　先利用公式计算出第一个员工的任务完成额，再拖动填充柄填充公式。

◎　利用公式和函数，计算出第一个员工的销售提成和奖金总额，再拖动填充柄填充公式。

2. 专业背景

员工提成是员工工资的重要组成部分，在计算提成时，通常包括销售业绩的提成和奖金，即根据公司下达的任务和销售业绩计算出本月的完成额，将完成额分为不同的等级，并为每个等级下发不同金额的奖金。

3. 操作思路

根据上面的操作要求，本例的操作思路如图7-46所示。

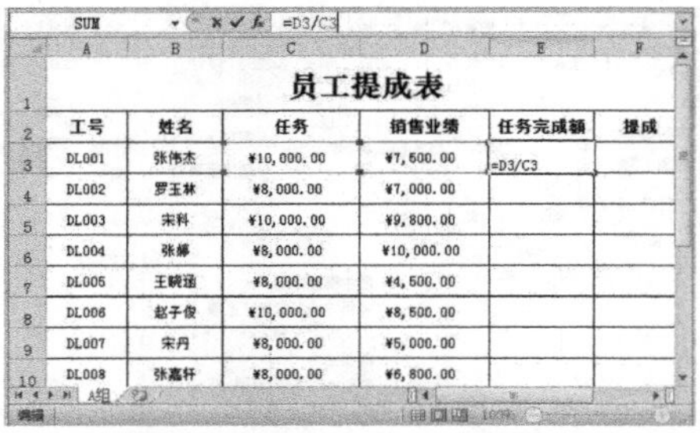

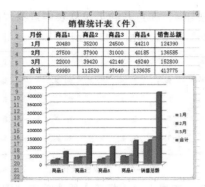

（a）输入公式计算

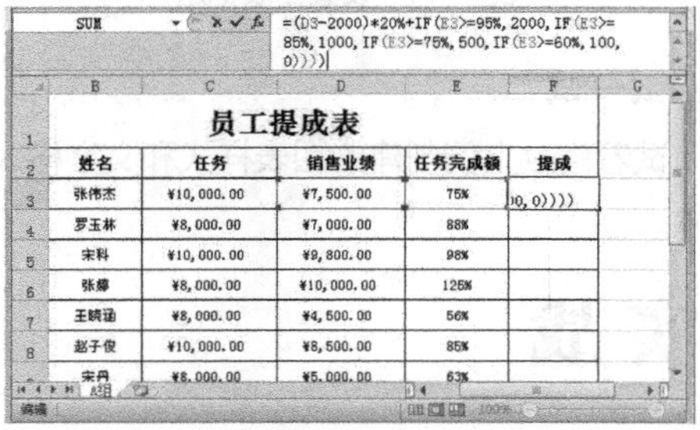

（b）输入函数计算

图7-46　计算"员工提成表"的操作思路

❶ 打开"员工提成表.xlsx"工作簿，选择E3单元格，在编辑框中定位光标插入点，输入公式"=D3/C3"，按【Ctrl+Enter】键计算第一个员工的任务完成额。

❷ 拖动E3单元格右下角的填充柄，向下填充公式到E14单元格后释放鼠标。

❸ 选择F3单元格，输入公式"=(D3-2000)*20%"，该公式表示员工的业绩提成。再输入运算符号"+"，然后输入IF函数的公式"IF(E3>=95%,2000,IF(E3>=85%,1000,IF(E3>=75%,500,IF(E3>=60%,100,0))))"，表示自动根据任务完成额判断员工应得的奖金，按【Ctrl+Enter】键计算出第一个员工的提成。

❹ 拖动F3单元格右下角的填充柄，向下填充公式到F14单元格后释放鼠标。

7.2.2　分析"销售统计表"

1. 操作要求

本例要求使用图表分析"销售统计表"，效果如图7-47所示。

图7-47　"销售统计表"图表效果

素材\第7课\上机实战\销售统计表.xlsx
效果\第7课\上机实战\销售统计表.xlsx
演示\第7课\分析"销售统计表".swf

具体的操作要求如下。

◎ 打开素材文件后，应先根据公式计算出每月的销售总额，以及每个商品第一季度的总销售额。

◎ 选择商品和月份所在单元格区域创建图表。

2. 操作思路

本例可先计算出销售总额，然后再创建图表，根据图表分析销售数据，操作思路如图7-48所示。

（a）计算图表

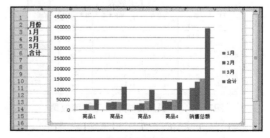

（b）创建图表

图7-48　分析"销售统计表"的操作思路

❶ 打开"销售统计表.xlsx"工作簿，选

择 F 3 单 元 格 ， 在 编 辑 框 中 输 入 公 式 "=B3+C3+D3+E3"，按【Ctrl+Enter】键进行计算，并将公式填充到F5单元格。

❷ 选择B6单元格，在编辑栏中输入求和函数的公式"=SUM(B3:B5)"，按【Ctrl+Enter】键

进行计算，并将公式填充到F6单元格。

❸ 选择A2:F6单元格区域，在【插入】→【图表】组中的"柱形图"按钮■，在打开的下拉列表中选择"簇状柱形图"选项，完成创建图表后保存工作簿。

7.3 常见疑难解析

问：为什么复制公式和填充公式的时候，引用的单元格会自动发生变化呢？

答： 单元格的引用分为相对引用和绝对引用两种情况，其中相对引用是指公式所在单元格与引用单元格的相对位置，这种情况下复制和填充公式时，引用的单元格地址会自动更新。绝对引用是指公式所在单元格与引用单元格的绝对位置。这种情况下，复制和填充公式时，引用的单元格地址不会进行更新，原公式里引用的单元格地址在复制和填充后也保持不变。相对引用和绝对引用之间，可通过【F4】键相互转换。

问：为什么分类汇总数据时，有时得不到汇总效果？

答： 对某一项数据分类汇总前，必须对该数据进行排序，只有排序后的数据才能进行分类汇总。

问：排序和筛选都可以进行两次或多次，能不能进行多次分类汇总呢？

答： 对数据进行分类汇总，同样可以选择多个数据项进行分类。首先对一个数据进行分类汇总，汇总后再次单击"分类汇总"按钮，打开"分类汇总"对话框，重新设置分类字段、汇总方式和汇总项，然后撤销选中"替换当前分类汇总"复选框，单击 确定 按钮即可进行第二次分类汇总，执行多次操作可以进行多次分类汇总。

7.4 课后练习

（1）打开提供的素材文件"月销售记录表.xlsx"，并执行以下操作，完成后的效果如图7-49所示。

◎ 根据产品单价和销售量，计算出产品销售额（公式为"=C3*D3"）。

◎ 对B列进行排序，主要关键字为"产品名称"，排序方式为"升序"。

◎ 再次对B列进行排序，次要关键字为"销量"，排序方式为"升序"。

◎ 对表格进行数据筛选，将"产品名称"为"电视机"的所有数据筛选出来。

◎ 退出数据的筛选状态，保持台式电脑数据的选中状态，并对数据进行分类汇总，设置"分类字段"为"电视机"，汇总方式为"求和"，选定汇总项为"销量"和"销售金额"。

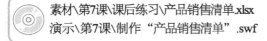

素材\第7课\课后练习\产品销售清单.xlsx   效果\第7课\课后练习\产品销售清单.xlsx
演示\第7课\制作"产品销售清单".swf

图7-49　管理"产品销售清单"

（2）打开"奖金分配表"，进行如下操作，完成后的效果如图7-50所示。

◎　按"部门"进行降序排序，若部门相同，则按"业绩评选"降序排序。

◎　筛选出"销售部"销量大于150小于500的产品的相关记录。

◎　取消筛选状态，以工号和部门为数据源创建二维柱形图，并适当调整图表大小和位置，使其更加美观。

素材\第7课\课后练习\奖金分配表.xlsx　　　　效果\第7课\课后练习\奖金分配表.xlsx

演示\第7课\制作"奖金分配表".swf

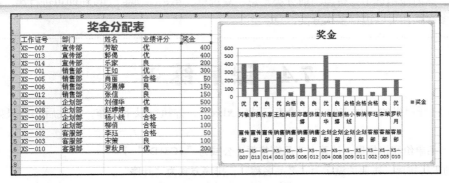

图7-50　管理"奖金分配表"

第8课
制作PowerPoint演示文稿

学生：老师，前面学习了制作常用的办公文档和表格，我们是否就能完成文秘工作中的所有工作？

老师：文秘工作者在工作中还需要制作一些演示文稿，这需要用到 PowerPoint 的相关知识，下面就来详细讲解使用 PowerPoint 2010 制作演示文稿。

学生：好的。

学习目标

▶ 掌握 PowerPoint 2010 的基本操作

▶ 掌握幻灯片的基本操作

▶ 掌握输入与编辑幻灯片内容的方法

▶ 熟悉插入对象的方法

8.1 课堂讲解

PowerPoint 2010是一款专门用于制作演示文稿的软件，通过它可以制作出形象生动、图文并茂的幻灯片，在现代办公领域中应用非常广泛。本课堂主要讲述PowerPoint 2010的基本操作方法，包括认识PowerPoint 2010的工作窗口、幻灯片的基本操作、在幻灯片中输入和编辑内容以及插入对象等。通过对这些知识的学习，为后面制作专业美观的幻灯片打下基础。

8.1.1 PowerPoint 2010的基本操作

PowerPoint 2010的启动、保存和退出的基本操作方法与Word 2010和Excel 2010相同。下面主要介绍PowerPoint 2010特有的功能和工作界面。

1. 认识 PowerPoint 2010 的工作界面

启动PowerPoint 2010后，将进入PowerPoint的工作界面，其由标题栏、功能区，幻灯片编辑区、"幻灯片/大纲"窗格、"备注"窗格和状态栏等部分组成，如图8-1所示。其中多个组成部分与Word 2010和Excel 2010相应部分相同，下面仅介绍PowerPoint 2010特有组成部分。

图 8-1　PowerPoint 2010 工作界面

◎ **"幻灯片 / 大纲"窗格**：用于显示演示文稿的幻灯片数量及位置，通过它可更加方便地掌握演示文稿的结构。包括"幻灯片"和"大纲"两个选项卡，单击不同的选项卡可在不同的窗格间切换，默认打开"幻灯片"窗格。在"幻灯片"窗格中显示了整个演示文稿中幻灯片的编号及缩略图；在"大纲"窗格下列出了当前演示文稿中各张幻灯片中的文本内容。

◎ **幻灯片编辑区**：幻灯片编辑区是演示文稿的核心部分，它可将幻灯片的整体效果形象地呈现出来。在其中可对幻灯片进行编辑文本、插入图片、声音、视频和图表等操作。

◎ **"备注"窗格**：位于 PowerPoint 2010 工作窗口的底部，在其中可对幻灯片进行附加说明。

◎ **状态栏**：位于窗口底端，主要用于显示当前演示文稿的编辑状态和显示模式。拖动幻灯片显示比例栏中的■图标或单击■、■按钮，可调整当前幻灯片的显示比例，单击右侧的■按钮，可按当前窗口大小自动调整幻灯片的显示比例，使其在当前窗口中可以看到幻灯片的整体效果，且显示比例为最大。

2. 创建演示文稿

在PowerPoint中创建演示文稿可分为创建空白演示文稿和根据模板创建演示文稿两种方式，下面分别讲解。

创建空白演示文稿

创建空白演示文稿的方法是：单击快速访问工具栏中的"新建"按钮■或选择【文件】→【新建】命令，在打开的面板中直接单击"新建"按钮■即可。

> 注意：快速访问工具栏中的"新建"按钮■默认状态下是没有的。单击快速访问工具栏右侧的■按钮，在打开的下拉列表中选择"新建"选项即可创建。

根据模板或主题创建演示文稿

PowerPoint 2010提供了各式各样的模板样式和主题，利用这些模板可以创建有样式的演示文稿，使制作幻灯片更加简单和快捷。

❶ 选择【文件】→【新建】命令，在打开的面板中间的列表中选择需要的模板样式，如图8-2所示。

图 8-2　选择模板样式

❷ 在右侧的列表中单击"新建"按钮📄，此时将根据选择的模板创建演示文稿。

3. 切换 PowerPoint 2010 视图模式

PowerPoint 2010提供了4种视图模式：普通视图、幻灯片浏览视图、阅读视图和幻灯片放映视图，下面分别进行介绍。

◎ **普通视图**：单击📰按钮可切换至普通视图，在该视图模式下可对幻灯片整体结构和单个幻灯片进行编辑，这种视图模式是PowerPoint默认的视图模式。

◎ **幻灯片浏览视图**：单击📇按钮可切换至幻灯片浏览视图，在该视图模式下不能对幻灯片进行编辑，但可同时预览多张幻灯片中的内容。

◎ **阅读视图**：单击📖按钮可切换至阅读视图，在阅读视图中可以查看演示文稿的放映效果，预览演示文稿中设置的动画和声音，并且能检查每张幻灯片的切换效果，它将以全屏动态方式显示每张幻灯片的效果。

◎ **幻灯片放映视图**：单击📺按钮可切换至幻灯片放映视图，此时幻灯片将按设定的效果放映。

> 提示：制作 PowerPoint 演示文稿时，一般在普通视图中制作幻灯片，在幻灯片浏览视图中查看演示文稿的结构并进行调整，在阅读视图中预览放映效果。

4. 案例——根据模板创建"生产报告"演示文稿

本例将通过现有模板创建一个"生产报告"演示文稿，完成后的效果如图8-3所示。通过该案例的学习，可以掌握创建演示文稿的方法。

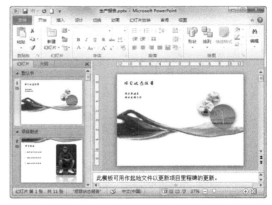

图 8-3　创建"生产报告"演示文稿

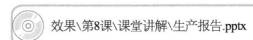

效果\第8课\课堂讲解\生产报告.pptx

❶ 双击桌面上的📺图标，启动 PowerPoint 2010，然后选择【文件】→【新建】命令。

❷ 在打开的面板中间的列表框中选择"项目状态报告"模板样式,在右侧的列表中单击"创建"按钮📄，如图8-4所示。

❸ 此时将根据选择的模板创建演示文稿，单击📄按钮，在打开的"另存为"对话框中设置保存位置和名称，如图8-5所示。单击按钮即可保存，完成本例的制作。

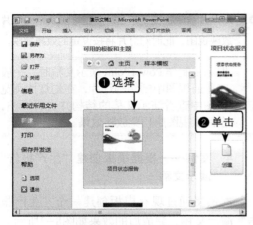

图 8-4　选择模板类型

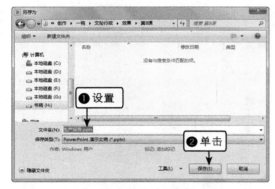

图 8-5　保存演示文稿

⏱ **试一试**

新建一个演示文稿，将其保存然后关闭，最后打开本例创建的演示文稿，在不同视图下进行查看。

8.1.2　幻灯片的基本操作

在演示文稿中插入的每一个对象，都需要一个放置的平台，这个平台就是幻灯片。演示文稿是由一系列幻灯片构成的，因此要想制作出演示文稿，需掌握对幻灯片的各种操作，如新建、复制、移动、删除幻灯片和应用幻灯片版式。

1. 新建幻灯片

一个演示文稿由多个幻灯片组成，用户可根据实际需要在演示文稿的任意位置新建幻灯片。

❶ 选择需要创建幻灯片位置的前一张幻灯片，在【开始】→【幻灯片】组中单击"新建幻灯片"按钮▢下方的下拉按钮▢。

❷ 在打开的下拉列表中选择一种版式，即可创建，如图 8-6 所示。

图 8-6　新建幻灯片

ⓘ 技巧：在"幻灯片"窗格中选择某张幻灯片后，按【Enter】或【Ctrl+M】键可在该幻灯片下方插入一张默认版式的幻灯片。

2. 复制幻灯片

如果制作的新幻灯片和已制作好的幻灯片内容相同或只需要进行较少的修改，这时可将已制作完成的幻灯片进行复制使用。

❶ 选择需要复制的幻灯片，在其上单击鼠标右键，在弹出的快捷菜单中选择"复制"命令。

❷ 将鼠标指针定位到目标位置。单击鼠标右键，在弹出的快捷菜单中选择"保留源格式"选项，如图 8-7 所示。

图 8-7　复制幻灯片

ⓘ 技巧：按【Ctrl+C】键可复制幻灯片，按【Ctrl+V】键可粘贴幻灯片。

3. 移动幻灯片

一个演示文稿由多个幻灯片组成，用户可根据实际需要在演示文稿的任意位置移动幻灯片。

❶ 选择需要移动的幻灯片，按住鼠标左键不放，将其拖动到目标位置，如图8-8所示。

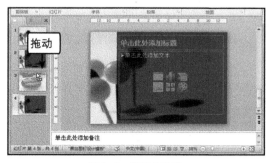

图8-8 移动幻灯片

❷ 此时释放鼠标即可完成幻灯片的移动，幻灯片编号也将随之改变。

4. 删除幻灯片

对不需要的幻灯片，可执行删除操作，删除幻灯片有以下几种方法。

◎ 选择需要删除的幻灯片，然后选择【编辑】→【删除】命令。

◎ 选择需要删除的幻灯片，按【Delete】键。

◎ 在普通视图、浏览视图中选择需要删除的幻灯片，在其上单击鼠标右键，在弹出的快捷菜单中选择"删除幻灯片"命令。

5. 应用幻灯片版式

幻灯片版式是指幻灯片的内容布局，PowerPoint中预设了多种幻灯片版式。

❶ 选择需要应用版式的幻灯片，在【开始】→【幻灯片】组中单击"版式"按钮。

❷ 在打开的下拉列表中选择需要应用的版式，如图8-9所示。

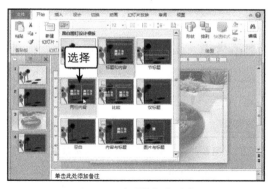

图8-9 应用幻灯片版式

幻灯片应用版式后，在其中会出现带有虚线边框的占位符，在PowerPoint 2010中，占位符分为文本占位符和项目占位符两种，如图8-10所示。

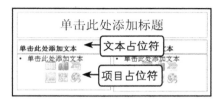

图8-10 幻灯片版式

◎ **文本占位符**：文本占位符又分为标题占位符、副标题占位符和普通文本占位符，单击该占位符后可在其中输入相应的文本内容。

◎ **项目占位符**：主要用于插入表格、图表、剪贴画、图片、图示和媒体剪辑等对象。在项目占位符中将显示相应的图标，单击图标即可进行插入对象操作。

6. 案例——调整"商务培训"演示文稿结构

想要熟练地制作出办公、讲座和教学等领域的演示文稿，应当熟练掌握幻灯片的基本操作。本例将为"商务培训"演示文稿调整结构，巩固幻灯片的新建、复制、移动和应用幻灯片版式等基本操作方法，完成后的效果如图8-11所示。

素材\第8课\课堂讲解\商务培训.pptx
效果\第8课\课堂讲解\商务培训.pptx

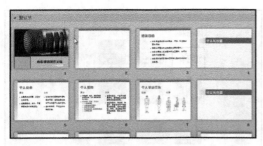

图 8-11 "商务培训"演示文稿效果

❶ 在 PowerPoint 2010 中打开"商务培训"演示文稿，选择第 1 张幻灯片，按【Enter】键新建一张幻灯片，如图 8-12 所示。

图 8-12 新建幻灯片

❷ 在"幻灯片"组中单击▣按钮，在打开的下拉列表中选择第 3 种版式，如图 8-13 所示。

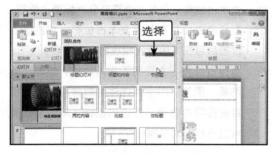

图 8-13 应用幻灯片版式

❸ 选择第 4 张幻灯片，按【Ctrl+C】键复制，然后选择第 10 张幻灯片，按【Ctrl+V】键粘贴，如图 8-14 所示。

图 8-14 复制幻灯片

❹ 选择第 17 张幻灯片，并在其上按住鼠标不

放进行拖动，当出现的横线移至第 15 张幻灯片下方时，释放鼠标即可移动所选幻灯片，完成本例制作。

⏱ 试一试

新建一个演示文稿，然后在其中练习幻灯片的新建、复制、移动和删除操作。

8.1.3 输入与编辑幻灯片内容

在幻灯片中可输入文本，并可对输入的文本进行编辑。下面便介绍在幻灯片中添加与编辑文本的具体方法。

1. 输入幻灯片文本

在幻灯片中输入文本包括在幻灯片编辑区中输入和在"大纲"窗格中输入两种方式。下面分别进行讲解。

🖊 在幻灯片编辑区中输入文本

在幻灯片编辑区中单击需输入文本的占位符，此时光标插入点将定位到占位符中，直接输入所需文本内容即可，如图8-15所示。

图 8-15 在幻灯片编辑区中输入文本

🖊 在"大纲"窗格中输入文本

单击"大纲"选项卡，在"大纲"窗格中将显示幻灯片图标，在相应的幻灯片图标右侧单击鼠标可将光标插入点定位到其中，然后输入内容即可。

在"大纲"窗格中输入文本有以下几点需注意的地方。

◎ 在"大纲"区域的幻灯片图标后面输入的文本内容，将作为该幻灯片的标题，自动显示到该幻灯片的标题占位符中。

◎ 输入标题后，按【Ctrl+Enter】键可在该幻灯片中创建第一级文本。

◎ 输入第一级文本后，按【Enter】键可继续输入同一级别的文本。

◎ 将光标插入点定位到第一级文本中，按【Tab】键可将第一级文本更改为第二级文本，并可输入具体的内容。

◎ 按【Shift+Tab】键可将光标插入点所在文本级别上升一级。

2. 编辑幻灯片文本

对幻灯片中的文本进行编辑的操作与Word文档中编辑文本的方法相同，可参考Word中相应知识，这里不再赘述。

3. 案例——输入并编辑"营销计划"演示文稿

下面将通过输入并编辑"营销计划"演示文稿熟悉在幻灯片中输入并编辑文本的相关方法，完成后的效果如图8-16所示。

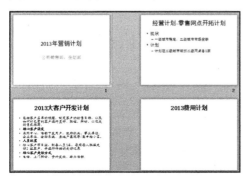

图 8-16 "营销计划"演示文稿效果

素材\第8课\课堂讲解\营销计划.pptx
效果\第8课\课堂讲解\营销计划.pptx

❶ 打开"营销计划"演示文稿，选择第1张幻灯片，单击幻灯片编辑区中"单击此处添加标题"文本占位符，并在其中输入"2013年营销计划"。用同样的方法在副标题占位符中输入"公司销售部、企划部"，如图8-17所示。

图 8-17 输入标题

❷ 在"大纲/幻灯片"窗格中单击"大纲"选项卡，将光标插入点定位到第2张幻灯片右侧，并输入文本"经营计划—零售网点开拓计划"，如图8-18所示。

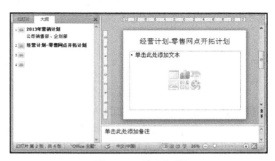

图 8-18 输入标题

❸ 按【Ctrl+Enter】键，建立第一级文本并输入具体内容"现状"，然后按【Enter】键，输入另一个第一级文本"计划"，如图8-19所示。

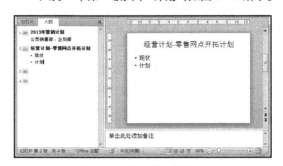

图 8-19 输入第一级文本

❹ 将光标插入点定位到"现状"文本后面，按【Enter】键后再按【Tab】键，建立第二级文本并输入具体内容"一级城市稳定，二级城市市场空缺"，如图8-20所示。

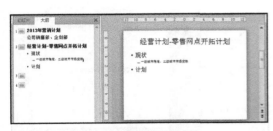

图 8-20　输入第二级文本

❺ 按照前面讲解的方法，输入"营销计划"演示文稿中所有幻灯片的内容，如图 8-16 所示，完成本例制作。

试一试

新建一个演示文稿，在其中创建幻灯片，然后在创建的幻灯片中输入文本并设置格式。

8.1.4　插入对象

为了使幻灯片的内容更加丰富，可以在其中插入各式各样的对象，如图片、表格、剪贴画、图表、声音和视频等。其中插入图片、表格、剪贴画的方法与在Word文档中插入这些对象的方法相同，下面只介绍如何插入图片、图表、声音和视频等对象。

1. 输入图片

适当地插入图片可以使幻灯片更加美观。

❶ 在【插入】→【图像】组中单击"图片"按钮，打开"插入图片"对话框。

❷ 在地址栏中找到图片存放位置，在文件列表中找到需要插入的图片，如图 8-21 所示。

图 8-21　选择图片

❸ 单击 [插入(S)] 按钮即可将图片插入幻灯片中，如图 8-22 所示。

图 8-22　插入图片

> 提示：插入到幻灯片中的图片可通过拖动四周的控制点来调整大小，也可拖动它调整位置。

2. 插入图表

在幻灯片中插入图表可以使其中的数据变得更加形象和直观。

❶ 选择需插入图表的幻灯片，在【插入】→【插图】组中单击"图表"按钮，打开"插入图表"对话框，在其中选择需要的图表样式，单击 [确定] 按钮，如图 8-23 所示。

图 8-23　选择图表样式

❷ 此时选择的图表将被插入幻灯片中，同时打开对应的 Excel 数据编辑窗口，如图 8-24 所示。

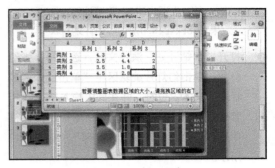

图 8-24　插入图表

❸ 在其中输入数据，幻灯片中的图表将发生相应变化，如图 8-25 所示。

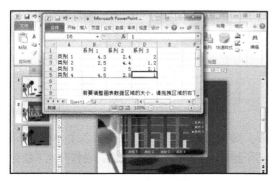

图 8-25 编辑图表

3. 插入音频

在制作幻灯片时，还可以为其插入声音。

❶ 在【插入】→【媒体】组中单击"音频"按钮 🔊 下方的 ▾ 按钮，在打开的下拉列表中选择"文件中的音频"选项，打开"插入音频"对话框，在其中找到需要插入到幻灯片中的音频，如图 8-26 所示。

图 8-26 选择音频文件

❷ 单击 插入(S) ▾ 按钮即可插入音频，并以 🔊 图标显示在幻灯片中，在控制点上拖动鼠标可调整音频图标大小，如图 8-27 所示。

图 8-27 插入音频

> 💡 提示：单击"音频"按钮 🔊 下方的 ▾ 按钮，在打开的下拉列表中选择"剪贴画音频"选项；可插入软件自带剪贴画中的音频，选择"录制音频"选项，可在打开的对话框中录制需要插入到幻灯片中的声音。

4. 插入视频

在幻灯片中插入视频和插入声音的方法相似，读者可自行练习。

> 💡 提示：在【插入】→【媒体】组中单击"视频"按钮 🔊 下方的 ▾ 按钮，在打开的下拉列表中选择"文件中的视频"选项，打开"插入视频文件"对话框，在其中可设置插入外部视频文件。

5. 插入页眉页脚

在幻灯片中插入页眉页脚也是制作幻灯片的常用操作。

❶ 在【插入】→【文本】组中单击"页眉页脚"按钮 📄，打开"页眉和页脚"对话框，在其中进行相应的设置，如图 8-28 所示。

图 8-28 设置"页眉和页脚"对话框

❷ 单击 全部应用(Y) 按钮即可为每张幻灯片添加页眉页脚，单击 应用(A) 按钮则只为当前幻灯片应用页眉页脚，效果如图 8-29 所示。

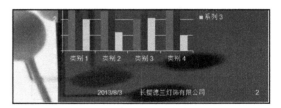

图 8-29 插入页眉页脚

6. 案例——美化"活动策划"演示文稿

在提供的"活动策划"演示文稿中插入对象，对其进行美化设置，完成后的参考效果如图8-30所示。

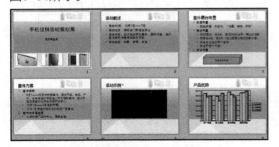

图 8-30　美化"活动策划"演示文稿效果

素材\第8课\课堂讲解\活动策划.pptx
效果\第8课\课堂讲解\活动策划.pptx

❶ 打开活动策划演示文稿，在其中选择第1张幻灯片的标题占位符，在其上单击鼠标右键，在打开的浮动面板中设置字体格式为"黑体"，如图8-31所示。

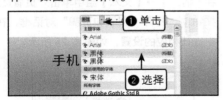

图 8-31　设置标题字符格式

❷ 在【插入】→【图像】组中单击"图片"按钮，打开"插入图片"对话框。

❸ 在地址栏中找到图片存放位置，在文件列表中拖动鼠标选择所有图片，单击 插入(S) ▾ 按钮，如图8-32所示。

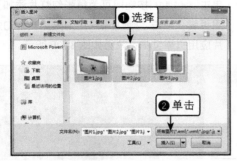

图 8-32　选择图片

❹ 此时所选图片将被插入幻灯片中，拖动图片

四周的控制点调整其大小和位置，效果如图8-33所示。

图 8-33　插入图片

❺ 选择第3张幻灯片，在【插入】→【插图】组中单击"形状"按钮，在打开的下拉列表中选择基本形状下的"立方体"形状，此时鼠标指针变为＋形状，拖动鼠标绘制立方体，如图8-34所示。

图 8-34　绘制立方体

❻ 在其上单击鼠标右键，在弹出的快捷菜单中选择【置于底层】→【置于底层】命令，再次单击鼠标右键，在弹出的快捷菜单中选择"设置形状格式"命令，打开"设置形状格式"对话框，在其中设置颜色为"紫色"，如图8-35所示。

图 8-35　更改形状颜色

❼ 单击 关闭 按钮，效果如图8-36所示。

图 8-36　编辑形状后的效果

❽ 选择第7张幻灯片，在正文占位符中单击"插

入表格"按钮▦，打开"插入表格"对话框，在其中按照如图8-37所示进行设置。

图8-37 设置表格行列

❾ 单击 确定 按钮即可插入表格，在【设计】→【绘图边框】组中单击"绘制表格"按钮▨，在表格中绘制出需要的表格，然后在其中输入相应数据，效果如图8-38所示。

图8-38 插入表格

❿ 选择第6张幻灯片，在【插入】→【插图】组中单击"图表"按钮▥，打开"插入图表"对话框,在其中选择"三维簇状柱形图"选项，单击 确定 按钮，如图8-39所示。

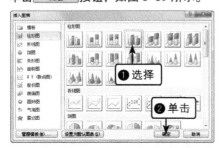

图8-39 选择图表样式

⓫ 此时选择的图表将被插入幻灯片中，同时，打开对应的Excel数据编辑窗口，在其中输入数据，如图8-40所示。

图8-40 编辑图表

⓬ 幻灯片中的图表将发生相应变化，关闭

Excel后，效果如图8-41所示。

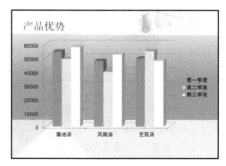

图8-41 插入图表

⓭ 选择第5张幻灯片，在【插入】→【媒体】组中单击"音频"按钮🔊下方的 ▾ 按钮，在弹出的下拉列表中选择"文件中的音频"选项，打开"插入音频"对话框，在其中找到要插入到幻灯片中的音频，如图8-42所示。

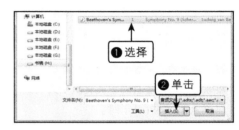

图8-42 选择音频文件

⓮ 单击 插入(S) ▾ 按钮即可插入音频，并以🔊图标显示在幻灯片中，拖动鼠标可将音频图标调整到合适位置，如图8-43所示。

图8-43 插入音频

⓯ 在【插入】→【媒体】组中单击"视频"按钮🔊下方的 ▾ 按钮，在打开的下拉列表中选择"文件中的视频"选项，打开"插入视频文件"对话框。在其中选择提供的视频文件，如图8-44所示。

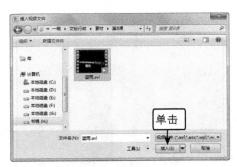

图 8-44 选择视频文件

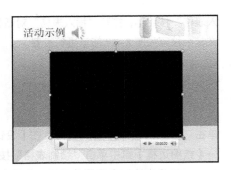

图 8-45 插入视频

⑯ 单击 插入(S) 按钮，此时选择的视频将被插入幻灯片中，拖动调整视频大小和位置后，效果如图 8-45 所示。

想一想

怎样将多余的占位符删除？

8.2 上机实战

本课上机实战将分别制作"礼仪培训"和"员工培训"演示文稿，通过这两个演示文稿的制作，进一步熟悉和巩固本课所讲的知识。

上机目标：

◎ 熟练掌握输入并编辑幻灯片文本的方法。

◎ 熟练掌握插入各种对象美化演示文稿。

建议上机学时：1学时。

8.2.1 设置"礼仪培训"演示文稿

1. 操作要求

本例要求对提供的"礼仪培训"演示文稿进行编辑，完成后的效果如图8-46所示。

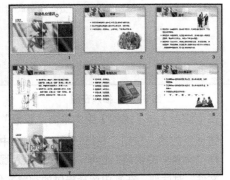

图 8-46 "礼仪培训"演示文稿最终效果

具体的操作要求如下。

◎ 将素材图片插入演示文稿中，拖动调整图片大小，并将图片放置于合适的位置。

◎ 对幻灯片中的内容占位符进行拖动调整，使其与图片相搭配。

◎ 利用相同的方法在幻灯片中插入剪贴画。

◎ 在最后一张幻灯片中插入艺术字。

素材\第8课\上机实战\礼仪培训.pptx
效果\第8课\上机实战\礼仪培训.pptx
演示\第8课\设置"礼仪培训"演示文稿.swf

2. 专业背景

礼仪对于职场中人非常重要，在进入职场前，一般都会进行基本的礼仪培训。"礼仪培训"演示文稿主要是针对这类培训而制作的。

不同场合的礼仪各有不同，主要包括个人礼仪、服装礼仪和职场礼仪，本例制作的是关于职场礼仪中的商务礼仪。

3. 操作思路

根据上面的操作要求，本例的操作思路如图8-47所示。

（a）搜索剪贴画

（b）插入图片

图8-47 设置"礼仪培训"演示文稿的操作思路

❶ 打开"礼仪培训"演示文稿，选择幻灯片2，在【插入】→【图像】组中单击"剪贴画"按钮，打开"剪贴画"任务窗格。

❷ 直接单击 搜索 按钮，搜索本地计算机的所有剪贴画，在列表框中选择一种剪贴画，将其插入幻灯片中，拖动剪贴画四周的控制点调整其大小，最后将其拖动至幻灯片右下角。

❸ 选择幻灯片3，将内容占位符中的"2公斤"和"不能用左手"文本的字体颜色设置为"红色"，在【插入】→【图像】组中单击"图片"按钮，打开"插入图片"对话框，选择"图片1.jpg"，单击 插入(S) 按钮插入图片，调整其大小和位置。

❹ 使用相同的方法为其他幻灯片添加图片。

8.2.2 制作"员工培训"演示文稿

1. 操作要求

本例要求根据现有模板创建"员工培训"演示文稿，并对其进行设置，完成后的效果如图8-48所示。

图8-48 "员工培训"演示文稿最终效果

具体的操作要求如下。

◎ 根据现有演示文稿新建演示文稿。

◎ 输入文本，添加幻灯片，插入剪贴画。

◎ 插入自选图形和图片等对象。

2. 专业背景

要制作办公用幻灯片，应先规划制作方案，以保证整个操作顺利进行，使制作出的幻灯片达到理想的效果。通常情况下，幻灯片的制作方案与规划主要有以下几个方面，具体介绍如下。

◎ **文稿策划**：根据材料内容确定整体框架。

◎ **模板设计**：设计幻灯片模板，包括首页面、内页背板和尾页设计。

◎ **风格定位**：根据企业行业特征及视觉识别系统，定位企业用于媒体演示的版式和色彩。

◎ **样式设计**：设置幻灯片的数据表单、流程样式、标题和段落样式等。

◎ **动画设定**：设置页面元素动作效果等。

3. 操作思路

根据上面的操作要求，本例的操作思路如

图8-49所示。

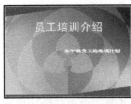
（a）使用模板并输入文本

（b）插入图片

（c）插入自选图形

（d）插入艺术字和剪贴画

图8-49 "员工培训"演示文稿的制作思路

素材\第8课\上机实战\员工培训.pptx

效果\第8课\上机实战\员工培训.pptx

演示\第8课\制作"员工培训"演示文稿.swf

❶ 启动 PowerPoint 2010,利用"根据现有演示文稿"超链接,根据"模板.pptx"新建演示文稿。

❷ 在标题页中单击占位符,分别输入"员工培训介绍"和"关于新员工的培训计划"文本。

❸ 选择【插入】→【新幻灯片】菜单命令插入5张幻灯片,然后在其中输入相应的文本。

❹ 在第二张幻灯片中插入图片"1.jpg",并调整其大小和位置。

❺ 在第3张幻灯片中插入"右箭头"自选图形,并将其填充颜色设置为"无",线条颜色设置"浅蓝"。

❻ 在自选图形中添加文本,然后复制出7个自选图形并排列好,在其中输入相应文本。

❼ 分别在第4张和第5张幻灯片中插入图片"2.jpg"和"3.jpg",并调整其大小和位置。

❽ 为第6张幻灯片应用"空白"版式,在"剪贴画"任务窗格中搜索文本"会议",插入第一张剪贴画。然后插入"艺术字库"对话框中第3行第5个样式的艺术字"谢谢观看!",字体为"华文行楷",并调整其大小和位置。

8.3 常见疑难解析

问： 带有大量图片的演示文稿文件很大,不便于打开和关闭,有没有方法减小演示文稿的体积呢？

答： 选择【文件】→【另存为】命令,打开"另存为"对话框,单击 工具(L) 按钮,在打开的下拉菜单中选择"压缩图片"命令,在打开的"压缩图片"对话框中设置压缩选项,然后单击 确定 按钮返回"另存为"对话框,最后保存设置。

问： 可不可以在演示文稿中利用超链接把幻灯片链接起来？

答： 在演示文稿中,除了可以插入图片和形状等文件外,还可插入超链接,将当前演示文稿中的幻灯片链接起来。其方法是选择需链接的文本,在【插入】→【链接】组中单击"超链接"按钮，打开"插入超链接"对话框,在"链接到"列表框中选择"本文档中的位置"选项,在"请选择文档中的位置"列表框中选择要链接到的幻灯片,单击 确定 按钮完成链接操作。

8.4 课后练习

（1）打开"投标方案"演示文稿,然后进行以下操作,完成后的效果如图8-50所示。

素材\第8课\课后练习\投标方案.pptx　　　效果\第8课\课后练习\投标方案.pptx
演示\第8课\美化"投标方案"演示文稿.swf

具体的操作要求如下。

◎ 设置幻灯片1标题格式为"黑体、55、加粗、蓝色"，副标题格式为"黑体、32"。

◎ 设置幻灯片2标题文本格式为"方正稚艺简体、44"，在幻灯片右下角插入剪贴画。

◎ 使用格式刷，将幻灯片2的标题格式，复制到幻灯片3~5的标题中。

◎ 分别在幻灯片4和幻灯片5中插入剪贴画。

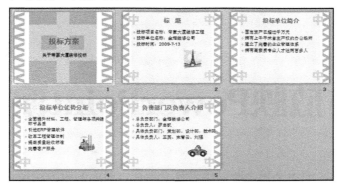

图8-50 "投标方案"演示文稿效果

（2）打开"产品介绍.pptx"演示文稿，对其进行相关设置，完成后的效果如图8-51所示。

素材\第8课\课后练习\铲平介绍.pptx　　　效果\第8课\课后练习\产品介绍.pptx
演示\第8课\设置"产品介绍"演示文稿.swf

具体的操作要求如下。

◎ 选择幻灯片1，设置标题格式为"隶属、66"，副标题文本格式为"宋体、32"。

◎ 选择幻灯片2，设置标题文本为"华文行楷、60"，选择标题占位符，在【开始】→【剪贴板】组中双击按钮；选择幻灯片3，在标题占位符上单击，为该标题应用相同的格式，使用相同的方法为其他内容幻灯片应用标题格式，再次单击按钮退出格式刷状态。

◎ 选择幻灯片3，在【插入】→【图像】组中单击"图片"按钮，在打开的对话框中双击提供的素材图片插入，拖动调整图片大小和位置，并使用相同的方法在其他幻灯片中插入图片。

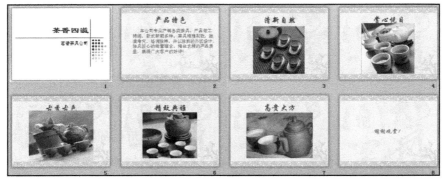

图8-51 "产品介绍"演示文稿最终效果

第 9 课
设计与放映PowerPoint演示文稿

老师：在文秘行业，演示文稿之所以越来越受重视，最大的原因就是其强大的演示功能，因此，同学们一定要认真对待本课的内容。

学生：老师，PowerPoint 的演示功能强大在哪些地方？

老师：比如对幻灯片设计版式或设置放映方式，通过这些设置可以给观看者视觉上带来享受。

学生：原来是这样呀，那我们快来学习吧。

学习目标

▶ 熟悉幻灯片版式设计的方法

▶ 掌握幻灯片动画设置的方法

▶ 掌握幻灯片放映的相关设置

▶ 掌握幻灯片放映控制的方法

▶ 掌握打包与打印演示文稿的方法

9.1 课堂讲解

本课堂主要讲述PowerPoint 2010在版式设计和放映方面的知识，包括设置幻灯片版式、设置幻灯片动画效果，设置幻灯片放映、放映幻灯片、放映控制设置、打包和打印演示文稿等。本课内容是制作演示文稿的必备知识，学习时要善于思考和总结。

9.1.1 设置幻灯片版式

对幻灯片版式进行设计可有助于统一、协调地展示幻灯片的内容，增强幻灯片的美感。

1. 设置幻灯片背景

幻灯片背景可以用各种颜色、图案或纹理等元素进行填充，PowerPoint 2010提供了多种不同的背景效果，设置时不仅可以应用于某张幻灯片，还可应用于所有幻灯片以增加统一和协调的美感。

应用预设的幻灯片背景

应用预设幻灯片背景的具体操作如下。

❶ 在【设计】→【背景】组中单击"背景样式"按钮。

❷ 在打开的下拉列表中选择需要的选项，如图9-1所示。

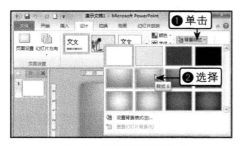

图9-1 应用预设背景样式

自定义背景样式

通过自定义背景样式可制作出丰富多彩的幻灯片背景。

❶ 在【设计】→【背景】组中单击"展开"按钮，打开"设置背景格式"对话框，单击"填充"选项卡。

❷ 在右侧选中相应的单选项，在"填充颜色"栏中单击按钮设置颜色，即可进行相应

的填充，如图9-2所示。

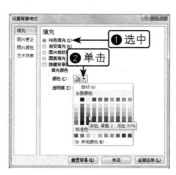

图9-2 自定义填充

> 提示：选中不同的单选项，面板下方的设置栏会各不相同，如选中"图片或纹理填充"单选项，在下方单击 文件(F)... 按钮，在打开的对话框中可选择需要作为背景的图片。

2. 设置幻灯片主题

PowerPoint 2010提供了丰富的幻灯片主题，直接选择相应主题即可快速将其应用到当前演示文稿中。若所选主题的字体、颜色不能满足实际的制作需求，用户还可自定义主题的字体和颜色。

❶ 在【设计】→【主题】组中的下拉列表中选择需应用的主题样式，如图9-3所示。

图9-3 应用幻灯片主题

❷ 单击"主题"组中的"颜色"按钮，在打开的下拉列表中选择需要的颜色选项，可更改主题配色方案，如图9-4所示。

图9-4 更改主题颜色

> 提示：在"主题"组中单击 文字体▾ 按钮可在打开的下拉列表中选择选项更改主题字体，单击 效果▾ 按钮可在打开的下拉列表中选择选项更改主题效果。

3. 使用幻灯片母版

对于包含幻灯片较多的演示文稿，可使用幻灯片母版来快速应用幻灯片版式和对象格式。在编排幻灯片时可以直接调用制作好的母版，而无需进行其他任何设置从而完成演示文稿的制作。

❶ 在【视图】→【母版视图】组中单击 幻灯片母版 按钮。

❷ 切换到母版视图，第1张缩略图为内容幻灯片母版，第2张缩略图为标题幻灯片母版，其他缩略图依次为不同版式的幻灯片母版，如图9-5所示。

图9-5 进入幻灯片母版视图

❸ 选择幻灯片母版视图中的标题幻灯片，在"编辑主题"组中单击相应的按钮可对幻灯片的主题进行设置，如图9-6所示。

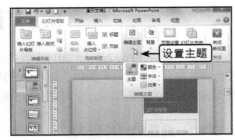

图9-6 设置标题幻灯片主题

❹ 在母版视图中选择第1张幻灯片，然后在相应的组中设置内容幻灯片母版，其方法与设置其他幻灯片相同。

> 注意：幻灯片母版中所设定的选项均为所有幻灯片的共性设置，因此在设置某些选项时不宜设置得太过精准。

4. 案例——美化"促销方案"演示文稿

本例将综合运用设置幻灯片背景、应用主题等知识来美化"促销方案"演示文稿，完成后的效果如图9-7所示。

图9-7 美化"促销方案"演示文稿

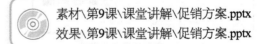
素材\第9课\课堂讲解\促销方案.pptx
效果\第9课\课堂讲解\促销方案.pptx

❶ 打开"促销方案"演示文稿，在【设计】→【主题】组中的下拉列表中选择"黑白图钉"主题样式，如图9-8所示。

❷ 选择最后一张幻灯片，在【设计】→【背景】组中"展开"按钮，打开"设置背景格式"对话框。

❸ 单击"填充"选项卡，在右侧选中"图片或纹理填充"单选项，然后单击 按钮，在

打开的下拉列表中选择"新闻纸"选项，如图9-9所示。

图9-8 选择主题

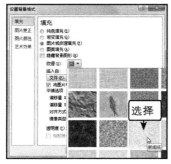

图9-9 更改背景

❹ 单击 关闭 按钮返回，即可看到背景已经更换，效果如图9-7所示。

🕐 **试一试**

试着更改最后一张幻灯片的背景为图片填充，然后查看效果。

9.1.2 设置幻灯片动画方案

设置幻灯片动画效果可以使幻灯片更生动，还可以对添加的动画进行编辑。

1. 添加动画

PowerPoint 2010预设了许多动画方案，以方便用户使用。

❶ 选择需要添加动画的内容，在【动画】→【动画】组的列表框中选择要添加的动画选项，如图9-10所示。

❷ 选择添加了动画后的文本内容，在"高级动画"组中双击"动画刷"按钮🖌，在需要复制动画的目标位置单击可快速添加相应的动

画，如图9-11所示。

图9-10 添加动画

图9-11 复制动画

2. 设置动画效果

如果对添加的动画效果不满意，还可以自定义动画效果，如开始时间、持续时间和播放顺序等，其方法介绍分别如下。

◎ 单击"动画"图标①，在"计时"组的"开始"下拉列表中选择"与上一动画同时"选项，更改动画播放时间，如图9-12所示。

图9-12 设置计时选项

◎ 单击"动画"图标①，单击"动画"组中的"效果选项"按钮🔺，在打开的下拉列表中选择需要的选项，如图9-13所示。

图 9-13　设置效果选项

3. 设置切换效果

幻灯片切换效果是指放映演示文稿时由上一张幻灯片切换到当前幻灯片时的过渡效果。

❶ 在【切换】→【切换到此幻灯片】组的"切换方案"列表框中选择"推进"选项，如图 9-14 所示。

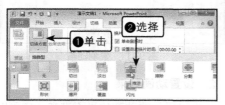

图 9-14　选择切换效果

❷ 在"切换声音"下拉列表中选择声音切换选项，在"持续时间"数值框中设置切换动画持续时间，如图 9-15 所示。

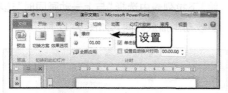

图 9-15　设置计时选项

❸ 在"切换至此幻灯片"组中单击"效果选项"按钮📧，在打开的下拉列表中选择需要的选项，更改切换方向，如图 9-16 所示。

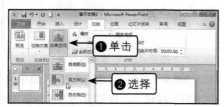

图 9-16　更改切换效果

4. 案例——为"促销方案"演示文稿添加动画效果

本例将为前面制作好的"促销方案"演示文稿添加动画方案和切换效果，完成后的效果如图 9-17 所示。通过本例的操作熟练掌握添加动画方案和设置切换效果的方法。

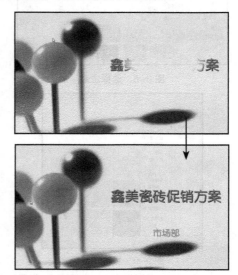

图 9-17　"促销方案"演示文稿效果

 效果\第9课\课堂讲解\促销方案1.pptx

❶ 打开"促销方案"演示文稿，单击标题占位符，在【动画】→【动画】组的列表框中选择"形状"样式。

❷ 将插入点定位到标题占位符中，在"高级动画"组中双击"动画刷"按钮📧，如图 9-18 所示。

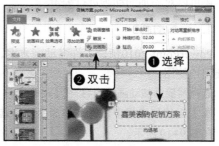

图 9-18　添加动画

❸ 切换至第 2 张幻灯片，单击标题文本即可快速添加"形状"动画。

❹ 使用相同的操作方法继续为剩余幻灯片中的标题添加相同的"形状"动画，如图9-19所示。

图9-19 复制动画

❺ 利用相同的方法为其他占位符创建动画，然后通过复制的方法应用到其他幻灯片上，如图9-20所示。

图9-20 设置其他动画样式

❻ 切换至第1张幻灯片，单击标题占位符左侧的"动画"图标 1，在"计时"组的"开始"下拉列表中选择"与上一动画同时"选项，更改动画播放时间，如图9-21所示。

图9-21 设置计时选项

❼ 利用相同的方法设置其他动画的计时选项，切换至第1张幻灯片，单击标题占位符左侧的"动画"图标 1，单击"动画"组中的"效果选项"按钮 ，在打开的下拉列表中选择"缩小"选项，如图9-22所示。

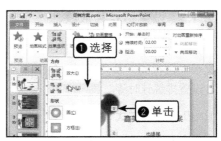

图9-22 设置效果选项

❽ 单击"高级动画"组中的"触发"按钮 ，在打开的下拉列表中选择【单击】→【标题1】选项，如图9-23所示。

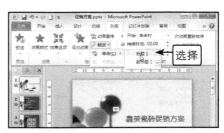

图9-23 添加触发器

❾ 利用相同的方法设置其他幻灯片，在【切换】→【切换到此幻灯片】组的"样式"列表框中选择"擦除"选项。

❿ 在"切换声音"下拉列表中选择声音切换选项，在"持续时间"数值框中输入"01.25"，表示切换动画持续时间为"1.25"秒，如图9-24所示。

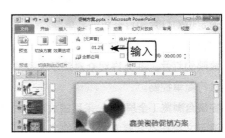

图9-24 设置计时选项

⓫ 利用相同的方法设置其他幻灯片，完成本例制作。

⏱ 试一试

将上例中第3张幻灯片的动画设置为"飞入"效果。

9.1.3 设置幻灯片放映

幻灯片放映设置是指为更好地放映制作的演示文稿而进行的一系列设置，包括设置放映方式、设置排练计时等。

1. 设置放映方式

演示文稿在不同的放映场合可以有不同的放映方式。

❶ 在【幻灯片放映】→【设置】组中单击"设置幻灯片放映"按钮 。

❷ 打开"设置放映方式"对话框，设置相应的放映类型、放映选项、换片方式，然后单击 确定 按钮即可应用，如图 9-25 所示。

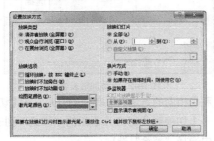

图 9-25 设置放映方式

3 种幻灯片放映类型的作用介绍如下。

◎ **演讲者放映（全屏幕）**：以全屏幕的方式放映演示文稿，且演讲者在放映过程中对演示文稿有着完全的控制权，包括添加标记、快速定位幻灯片和打开放映菜单等。

◎ **观众自行浏览（窗口）**：该方式以窗口形式放映幻灯片，并允许观众对演示文稿的放映进行简单控制。

◎ **在展台浏览（全屏幕）**：采用该放映方式可使演示文稿在不需要专人看管的情况下，在类似于展览会场之类的环境中周而复始地循环放映。放映效果与"演讲者放映"方式完全相同，但放映过程中无法进行任何操作，并且需要设置排练计时才能正确播放各张幻灯片。

> ⓘ 提示：以"观众自行浏览"方式放映演示文稿时，可以在观赏演示文稿的同时，对电脑进行其他操作或使用其他程序。

2. 设置排练计时

使用排练计时功能可以精确控制每一张幻灯片的放映时间，在进行放映操作时，就可以在无人操作的情况下，让演示文稿按照预演的时间进行播放。

❶ 在【幻灯片放映】→【设置】组中单击"排练计时"按钮 。

❷ 进入放映排练状态，并在显示的"录制"工具栏中开始进行计时，单击工具栏中的"下一项"按钮 可进入下一张幻灯片进行播放，如图 9-26 所示。

图 9-26 录制第 1 张幻灯片

❸ 开始播放第 2 张幻灯片，当播放时间变为"0:00:08"时，单击工具栏中的"下一项"按钮 ，如图 9-27 所示。

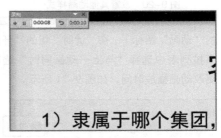

图 9-27 录制第 2 张幻灯片

❹ 重复上一步操作直至放映结束，此时屏幕上将打开提示对话框，并在其中显示总放映时间，单击 是(Y) 按钮保存排练计时，如图 9-28 所示。

图 9-28 保存录制时间

3. 案例——对"促销方案"演示文稿进行放映设置

本例要求将前面制作好的"促销方案"演示文稿进行放映设置，完成后的效果如图9-29所示。通过本例巩固幻灯片放映方式和排练计时的设置方法。

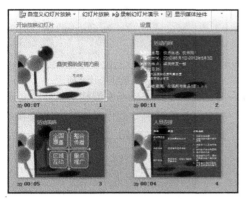

图9-29 "促销方案"演示文稿效果

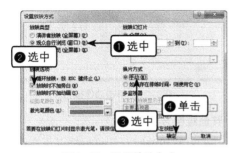

效果\第9课\课堂讲解\促销方案2.pptx

❶ 打开"促销方案"演示文稿，在【幻灯片放映】→【设置】组中单击"设置幻灯片放映"按钮。

❷ 打开"设置放映方式"对话框，在"放映类型"组中选中"观众自行浏览（窗口）"单选项。

❸ 在"放映选项"组中选中"放映时不加旁白"复选框，在"换片方式"栏中选中"手动"单选项，如图9-30所示。

图9-31 放映效果

❺ 在【幻灯片放映】→【设置】组中单击"排练计时"按钮。

❻ 进入放映排练状态，幻灯片将全屏放映，同时打开"录制"工具栏并自动开始计时，此时单击鼠标左键或按【Enter】键放映幻灯片下一个对象进行排练，如图9-32所示。

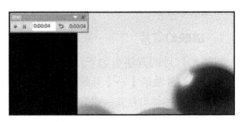

图9-32 计时放映时间

❼ 单击鼠标左键或单击"录制"工具栏中的按钮切换到下一张幻灯片，"录制"工具栏中的时间将从头开始为当前幻灯片的放映进行计时。按上述方法设置其他幻灯片放映时间，如图9-33所示。

图9-33 设置其他排练计时

❽ 放映完毕后将打开"Microsoft PowerPoint"

图9-30 设置放映方式

❹ 单击 确定 按钮，放映设置完成后按【F5】键播放幻灯片，其播放效果如图9-31所示。

提示对话框，提示是否保留新的幻灯片排练时间，单击 是(Y) 按钮进行保存，如图9-34所示。

图9-34　保存录制时间

⏱ **试一试**

设置本例的放映类型为"演讲者放映（全屏幕）"。

9.1.4　放映幻灯片与放映控制设置

放映幻灯片是制作演示文稿的最终目的，而在放映时也可以进行一些设置，使放映更加方便和生动形象。

1. 放映幻灯片

放映幻灯片的方法有如下几种。

◎ 在【幻灯片放映】→【开始幻灯片放映】组中单击 按钮可从第一张开始放映幻灯片。

◎ 在状态栏中单击 按钮可从当前选择的幻灯片开始放映。

◎ 按【F5】键可从第一张开始放映幻灯片。

2. 放映过程中的控制

在放映幻灯片的过程中还可以进行控制，如添加按钮和其他控制方式等。

✍ **添加动作按钮**

添加动作按钮可使幻灯片在放映的过程中通过单击这些动作按钮实现幻灯片的转换。

❶ 在【视图】→【演示文稿视图】组中单击 按钮。

❷ 在【插入】→【插图】组中单击 形状 按钮，在打开的下拉列表中选择"前进或下一项"

选项，如图9-35所示。

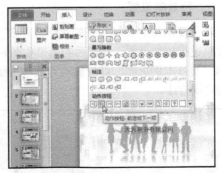

图9-35　选择形状选项

❸ 在幻灯片中单击鼠标左键拖动鼠标绘制动作按钮，在打开的"动作设置"对话框中保持默认设置，单击 确定 按钮，如图9-36所示。

图9-36　设置动作按钮

❹ 在【幻灯片放映】→【开始幻灯片放映】组中单击 按钮开始放映。

❺ 放映幻灯片，将鼠标指针移至动作按钮上，当其变为 形状时单击动作按钮，如图9-37所示。

图9-37　单击动作按钮

✍ **其他控制方式**

在幻灯片放映时，还可根据以下方法控制幻灯片放映。

◎ 按【S】或【＋】键，或在幻灯片上单击鼠标右键，在弹出的快捷菜单中选择【屏幕】→【暂停】命令使当前放映状态暂停。

◎ 按【S】或【+】键可重新开始放映。

◎ 按【Esc】键可退出放映状态。

◎ 在幻灯片上单击鼠标右键,在弹出的快捷菜单中选择"指针选项"命令,可在弹出的子菜单中设置笔型和颜色,即可在放映幻灯片时勾勒需要强调的地方,如图9-38所示。

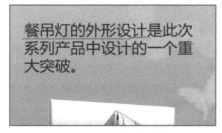

图9-38 使用笔添加批注

3. 案例——放映"公司宣传"演示文稿

本例要求放映提供的"公司宣传"演示文稿,效果如图9-39所示。通过本例巩固幻灯片放映以及控制的方法。

图9-39 "公司宣传"演示文稿效果

素材\第9课\课堂讲解\公司宣传.pptx
效果\第9课\课堂讲解\公司宣传.pptx

❶ 打开"公司宣传"演示文稿,按【F5】键开始放映幻灯片。

❷ 当放映到第2张幻灯片时,单击鼠标右键,在弹出的快捷菜单中选择【指针选项】→【笔】命令,如图9-40所示。

图9-40 选择命令

❸ 在幻灯片中拖动鼠标标注需要引起注意的地方,如图9-41所示。

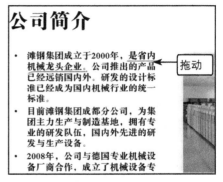

图9-41 使用笔添加批注

❹ 用相同的方法标记其他位置后,结束放映,此时将打开提示对话框,单击 保留(K) 按钮保存墨迹,如图9-42所示,完成制作。

图9-42 放弃保存墨迹

试一试

放映前面制作的"促销方案"演示文稿,试一试是否能添加墨迹。

9.1.5 打包与打印演示文稿

PowerPoint允许对演示文稿进行打包或打印，从而在未安装PowerPoint的情况下仍可浏览演示文稿中的具体内容。

1. 打包演示文稿

为避免在其他电脑上不能放映制作好的演示文稿，只需将其打包，通过PowerPoint播放器进行播放。

❶ 选择【文件】→【保存并发送】命令，在中间列表中选择"文件类型"栏中的"将演示文稿打包成CD"选项，单击列表中的"打包成CD"按钮 。

❷ 打开"打包成CD"对话框，在"将CD命名为"文本框中输入打包后的演示文稿名称，然后单击 复制到文件夹(E)... 按钮，如图9-43所示。

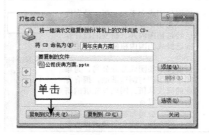

图9-43 设置"打包成CD"对话框

❸ 打开"复制到文件夹"对话框，取消选中"完成后打开文件夹"复选框，然后单击 浏览(B)... 按钮，如图9-44所示。

图9-44 设置复制到文件夹

❹ 打开"选择位置"对话框，在其中选择打包后文件夹的保存位置，单击 选择(E) 按钮。

❺ 返回"复制到文件夹"对话框，单击 确定 按钮开始文件复制操作。

❻ 此时系统将打开提示对话框提示是否打包演示文稿中所有链接文件，单击 是(Y) 按钮确认复制操作，如图9-45所示。

图9-45 确认复制链接文件

2. 打印演示文稿

编排好幻灯片的所有内容后，可以将其打印出来长期保存，或是分发给参加会议的每一位成员，方便查看。在打印幻灯片之前，还需要进行页面设置、打印参数设置，以及添加页眉和页脚等操作。

❶ 在【设计】→【页面设置】组中单击"页面设置"按钮 。

❷ 打开"页面设置"对话框，在"幻灯片大小"下拉列表中选择页面大小，然后单击 确定 按钮，如图9-46所示。

图9-46 设置页面大小

❸ 选择【文件】→【打印】命令，在"设置"栏中的"幻灯片"文本框中输入要打印的幻灯片编号，编号之间用英文状态下的逗号隔开，如图9-47所示。

图9-47 自定义打印范围

❹ 单击"编辑页眉和页脚"超链接，打开"页眉和页脚"对话框，在"幻灯片"选项卡中

选中"页脚"复选框,在其下的文本框中输入页脚内容,选中"标题幻灯片中不显示"复选框,如图9-48所示。

在"将CD命名为"文本框中输入打包后的演示文稿名称,然后单击 复制到文件夹(F)... 按钮。

图9-48 添加页脚

5 单击 全部应用(T) 按钮,完成所有设置后单击"打印"按钮🖶。此时打印机将按设置好的参数打印演示文稿中的内容。

3. 案例——打包并放映"促销方案"演示文稿

本例要求将前面制作好的"促销方案.pptx"演示文稿进行打包放映,完成后的效果如图9-49所示。通过本例巩固幻灯片放映方式和排练计时的设置方法。

图9-49 打包并放映"促销方案"演示文稿效果

效果\第9课\课堂讲解\促销方案3.pptx

1 打开"促销方案"演示文稿,选择【文件】→【保存并发送】命令,在中间列表中选择"文件类型"栏中的"将演示文稿打包成CD"选项,单击列表中的"打包成CD"按钮📀,如图9-50所示。

2 在打开的"复制到文件夹"对话框中单击 浏览(B)... 按钮,打开"打包成CD"对话框,

图9-50 单击按钮

3 打开"选择位置"对话框,在其中选择打包后文件夹的保存位置,单击 选择(E) 按钮即可,如图9-51所示。

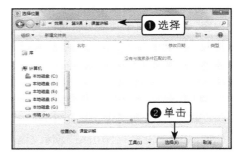

图9-51 设置保存位置

4 返回"复制到文件夹"对话框,单击 确定 按钮,如图9-52所示。

图9-52 复制文件

5 此时系统将打开提示对话框提示是否打包演示文稿中所有链接文件,单击 是(Y) 按钮确认复制操作。

⏱ **想一想**

打印演示文稿时还可以进行哪些设置?

9.2 上机实战

本课上机实战将分别制作"公司介绍"和"员工手册"演示文稿。通过对这两个演示文稿的制作，让读者巩固和熟悉幻灯片设计和放映的相关操作。

上机目标：

◎ 熟练掌握添加幻灯片主题、背景、版式的设置。

◎ 熟练掌握为幻灯片添加动画效果的设置方法。

◎ 熟练掌握幻灯片放映方式的设置方法。

◎ 熟悉幻灯片放映控制和打包演示文稿的方法。

建议上机学时：1学时。

9.2.1 设置"公司介绍"演示文稿

1. 操作要求

打开"公司介绍"演示文稿，该演示文稿主要包括公司简介、组织结构、主要产品等方面的内容。编辑该演示文稿时，可以为不同的幻灯片应用不同的背景，通过母版设置统一的文本效果。参考效果如图9-53所示。

> 素材\第9课\上机实战\公司介绍.pptx
> 效果\第9课\上机实战\公司介绍.pptx
> 演示\第9课\设置"公司介绍"演示文稿.swf

图 9-53 "公司介绍"演示文稿最终效果

具体的操作要求如下。

◎ 为"公司简介"演示文稿的幻灯片添加背景颜色。

◎ 进入母版视图，添加公司名称文本框，然后退出母版视图。

2. 操作思路

根据上面的操作要求，本例的操作思路如

图9-54所示。

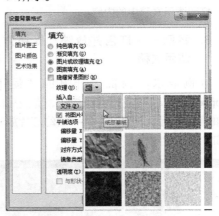

（a）设置填充背景

（b）在母版绘制文本框设置公司名称

图 9-54 设置"公司介绍"演示文稿的操作思路

❶ 打开"公司简介"演示文稿，在【设计】→【背景】组中单击 背景样式 按钮，在打开的下拉列表中选择"设置背景格式"选项。

❷ 在打开的"设置背景格式"对话框中选中"图

片或纹理填充"单选项，然后在"纹理"栏中单击 按钮，在打开的下拉列表中选择第一种样式。

❸ 单击动作按钮进入下一张幻灯片，用相同的方法设置幻灯片背景。

❹ 在【视图】→【母版视图】组中单击"幻灯片母版"按钮 ，进入"幻灯片母版"视图，选择幻灯片1。

❺ 在【插入】→【文本】组中单击"文本框"按钮 ，然后拖动鼠标在母版左下侧绘制水平文本框并输入公司名称，单击 按钮退出母版视图，最后保存演示文稿。

9.2.2 设置"员工手册"演示文稿

1. 操作要求

本例要求设置提供的"员工手册"演示文稿，完成后的效果如图9-55所示。

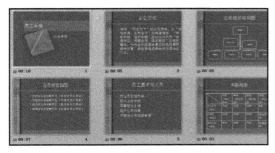

图9-55 "员工手册"演示文稿最终效果

素材\第9课\上机实战\员工手册.pptx
效果\第9课\上机实战\员工手册.pptx
演示\第9课\设置"员工手册"演示文稿.swf

具体的操作要求如下。

◎ 打开素材文件后，根据每张幻灯片中内容的播放顺序，为对象添加自定义动画方案。

◎ 设置幻灯片与幻灯片之间的切换方案，完成后进行排练计时，并保存排练计时的时间。

◎ 放映幻灯片，查看放映效果。

2. 操作思路

根据上面的操作要求，本例的操作思路如图9-56所示。

（a）定义动画

（b）设置切换方式

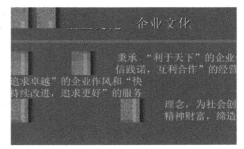

（c）放映幻灯片

图9-56 设置"员工手册"演示文稿的操作思路

❶ 打开"员工手册"演示文稿，选择幻灯片1的标题占位符，然后在【动画】→【动画】组中的样式列表中选择"飞入"选项。

❷ 用相同的方法为其他幻灯片对象添加动画。

❸ 选择幻灯片2，在【切换】→【切换到此幻灯片】组中的"样式"列表框中选择"覆盖"切换方案。

❹ 选择第1张幻灯片，在【幻灯片放映】→【设置】组中单击"排练计时"按钮 ，进入排练计时放映模式。

❺ 放映完成后弹出提示对话框，单击 是(Y) 按钮，保存排练计时时间。

❻ 按【F5】键放映演示文稿，放映过程中按【Esc】键可退出放映，最后保存演示文稿。

9.3　常见疑难解析

问： 在幻灯片编辑区中选择一张幻灯片后，单击鼠标右键，在弹出的快捷菜单中有"隐藏幻灯片"命令，这个命令有什么作用呢？

答： 将幻灯片隐藏后，"幻灯片"选项卡的编号将加上一个边框，以表示该张幻灯片设置为隐藏。此后在放映演示文稿时，隐藏的幻灯片将不被放映出来。在隐藏的幻灯片上单击鼠标右键，在弹出的快捷菜单中选择"隐藏幻灯片"命令可重新显示幻灯片。

问： 放映幻灯片时，发现幻灯片反应较慢，有什么办法可改善幻灯片的放映性能？

答： 可以从以下几个方面来进行：降低幻灯片放映时演示文稿显示的分辨率；缩小图片和文本的尺寸；尽量少用渐变、旋转或缩放等动画效果，可使用其他动画效果替换这些效果；减少同步动画数目，可以尝试将同步动画更改为序列动画。

9.4　课后练习

（1）打开素材文件"可行性报告"演示文稿，然后进行相关设置。

素材\第9课\课后练习\可行性报告.pptx　　效果\第9课\课后练习\可行性报告.pptx
演示\第9课\设置并打包"可行性报告"演示文稿.swf

具体的操作要求如下。
◎　将放映方式设置为"观众自行浏览、循环放映、放映时不加旁白和动画"。
◎　设置排练计时，每张幻灯片时间为"8"秒。
◎　为所有幻灯片绘制"第一张""后退或前一项"和"前进或下一项"按钮。
◎　打包演示文稿。

（2）打开素材文件"礼仪培训"演示文稿，然后进行相关设置。

素材\第9课\课后练习\礼仪培训.pptx　　效果\第9课\课后练习\礼仪培训.pptx
演示\第9课\放映"礼仪培训"演示文稿.swf

具体的操作要求如下。
◎　将所有幻灯片的换片方式设置为"中央向左右扩展、中速"，并设置每隔"10秒"自动换片。
◎　使用母版为所有标题文本添加"下降"动画效果。
◎　放映幻灯片，并使用"毡尖笔"在第二张幻灯片中做标注，然后保留墨迹。

第10课
局域网办公

学生：老师，在工作中常常需要与同事进行一些文件传递，用U盘复制很麻烦，有没有快捷方便的方法？

老师：有的，其实在公司内部可通过局域网来实现，与同事进行文件传递或工作交流可以使用一些局域网交流工具来完成。

学生：哦，那您详细地给我讲讲吗？

老师：可以，下面我们就来学习在局域网中办公会使用到的相关知识。

学生：我一定认真学习！

学习目标

▶ 了解局域网的相关知识

▶ 熟悉在局域网中访问共享文件夹的方法

▶ 掌握飞鸽传书的使用方法

10.1 课堂讲解

局域网被广泛应用于企业办公中，不仅可节约公司成本，实现资源共享，也能给办公带来方便。本课堂主要讲述使用局域网进行办公的知识，包括认识局域网、共享与访问文件和文件夹，使用飞鸽传书等操作。

10.1.1 局域网的使用

局域网主要是针对企业内部，即只有企业内部的员工才能访问并使用，局域网通常都是由公司内的电脑组成。

1. 认识局域网

局域网就是把分布在不同地理位置的电脑与专门的外部设备用通信线路互连成一个规模大、功能强的网络系统，以使众多电脑可以方便地传递信息和共享各种资源，其特点是实用性强、维护简单、组网方便、传输效率高。

要组成网络，必须具备以下几点要素。

◎ 至少有两台或两台以上具有独立操作系统、且相互连接、能达到共享资源目的的电脑。

◎ 构成电脑网络的各电脑之间无明显的主从关系，各电脑具有独立操作功能。

◎ 为了使网内各电脑间通信可靠、有效，通信双方必须共同遵守通信协议。

2. 共享文件夹

局域网中的文件资源必须先进行共享设置后，才能被局域网中的其他用户访问或进行修改。

❶ 在需要共享的文件夹上单击鼠标右键，在弹出的快捷菜单中选择【共享】→【特定用户】命令，打开"文件共享"窗口。

提示：在文件夹的快捷菜单中选择"属性"命令，在打开的对话框中选择"共享"选项卡也可进行文件夹的共享设置。在"共享"选项卡中选中"允许网络用户更改我的文件"复选框后，其他网络上的用户可以更改该共享文件夹中的内容，如添加文件、删除文件等。

❷ 在"选择用户"下拉列表框中选择用户名称"Everyone"，单击 添加(A) 按钮。

❸ 单击"Everyone"用户"权限级别"列下的 ▼ 按钮，在打开的下拉列表中选择"读取"选项。

❹ 依次单击 共享(H) 按钮和 确定 按钮。

注意：被共享的文件夹图标左下角有一个锁形图标 🔒。

3. 访问共享文件夹

通过"网络"或"运行"对话框都可以对局域网中的电脑及其中的资源进行访问，下面分别进行讲解。

通过"网络"访问

"网络"窗口中包括了局域网中的所有电脑，通过它可以访问局域网中的电脑及其共享的文件夹。

❶ 单击 🪟 按钮，在弹出的"所有程序"菜单中选择"网络"命令，打开"网络"窗口，如图10-1所示。

图10-1 打开"网络"窗口

❷ 在打开的窗口中双击工作组中的电脑，如图

10-2所示。

图10-2　打开网络中共享的电脑

❸　在打开的窗口中依次双击需要访问的文件夹
　图标并将其打开。

❹　打开的共享文件夹显示如图10-3所示，在其
　中可双击音乐文件进行音乐的播放，或者选
　择音乐文件并复制粘贴到自己的电脑中。

图10-3　显示共享的文件夹

通过"运行"访问

　　通过"运行"对话框也可访问文件资源，
但要先知道文件资源的位置，即共享资源的电
脑名称或IP地址，以及共享文件夹的名称。

❶　单击 按钮，在弹出的"所有程序"菜单中
　选择"运行"命令打开"运行"对话框。

❷　在"打开"文本框中输入网络IP地址。

❸　单击 确定 按钮打开共享文件夹，如图
　10-4所示。

图10-4　打开共享文件夹

> 提示：在"运行"对话框"打开"下拉列
> 表框中输入电脑名称或IP地址可查看该电
> 脑中所有共享的资源，但要注意在输入名
> 称前一定要先输入"\\"，如"\\gg"或
> "\\192.168.0.28"。

4．案例——访问局域网中的共享文件并下载

　　本例要求将电脑中的"会议"文件夹共享
到局域网中，然后将局域网中的其他电脑共享
资源复制到本地电脑中。通过练习，巩固和熟
悉共享和访问局域网资源的方法。

❶　在电脑中找到"会议"文件夹，在其上单击
　鼠标右键，在弹出的快捷菜单中选择【共
　享】→【特定用户】命令，如图10-5所示，
　打开"文件共享"对话框。

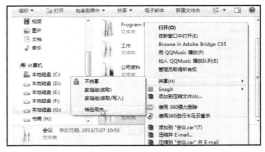

图10-5　打开"文件共享"对话框

❷　在"选择用户"下拉列表框中选择用户名
　称"Everyone"，如图10-6所示，然后单击
　 添加(A) 按钮。

图10-6　选择共享用户

❸　单击"Everyone"用户"权限级别"列下的
　▼按钮，在打开的下拉列表中选择"读\写"
　选项，如图10-7所示。

图10-7　设置共享权限

❹ 依次单击 **共享(H)** 按钮和 **完成(D)** 按钮即可完成共享文件夹。

❺ 单击■按钮，在弹出的"所有程序"菜单中选择"网络"命令，打开"网络"对话框，在其中双击名为"HXY-PC"的电脑图标，如图10-8所示。

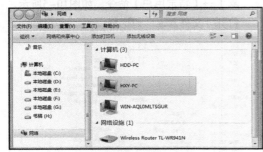

图10-8　局域网中的电脑

❻ 在"订单"文件夹上单击鼠标右键，在弹出的快捷菜单中选择"复制"命令，然后打开自己电脑中的G盘，按【Ctrl+V】键粘贴，如图10-9所示。

图10-9　下载局域网资料

🕐 **试一试**

试将"会议"文件夹以"公司安排"为名

共享到局域网中。

10.1.2　使用飞鸽传书

在局域网内，同事之间的沟通是经常性的，如传达命令、发送文件等，采用"飞鸽传书"（要自行获取软件并安装）之类的局域网通讯软件可以实现这一目的。

1. 与同事及时交流

获取飞鸽传书安装程序后，将其安装到电脑中，即可与局域网中的其他用户进行交流。方法是：双击下载文件中的可执行文件■，启动飞鸽传书。双击需交流的用户名称，打开交流窗口，在下方的列表框中输入信息后单击 **发送** 按钮，对方即可收到信息，如图10-10所示。当对方回复消息后，在桌面任务栏右下角会出现相应的提示，在交流窗口中即可看到具体的内容，如图10-11所示。

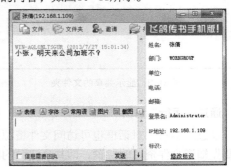

图10-10　发送信息

图10-11　收到信息

2. 接收文件

飞鸽传书除了传输文字外，还能传输文

件。当收到局域网中其他用户传来的文件时，任务栏右下角的通知区域会出现提示，且交流窗口将显示"文件传输"选项卡，如图10-12所示。单击"接收"超链接，可在打开的对话框中选择文件的保存位置，确认后即可开始接收文件，文件接收完成后将打开提示对话框，提示是否打开文件所在的文件夹，根据需要操作即可。

图10-12　接收文件

3. 发送文件

用飞鸽传书向局域网中的用户传送文件或文件夹的方法是：单击交流窗口上方相应的按钮，在打开的对话框中选择文件夹，此时交流窗口右侧的列表框中将显示传输文件夹的进度，如图10-13所示。

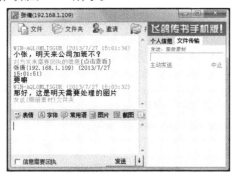

图10-13　发送文件

4. 查看通信记录

关闭聊天窗口后，所有通信记录都将不可见。再次打开聊天窗口时，在信息列表框中显示的是空白信息。如需查看聊天记录，其方法是：单击 菜单 按钮，在打开的菜单中选择"通

讯记录"命令，打开"通信记录"窗口，在左侧列表框中单击某个联系人，此时右侧将显示与该用户的消息记录，单击该记录即可查看详细的聊天信息，如图10-14所示。

图10-14　查看通信记录

5. 案例——使用飞鸽传书与同事交流

下面利用飞鸽传书向局域网中的其他用户发送信息，并接受对方传送的文件，以练习在局域网中利用飞鸽传书与用户交流的方法。

❶　双击桌面上的"飞鸽传书"快捷图标█，打开"飞鸽传书"窗口，单击"好友"选项卡，在联系人列表框中双击需接收信息的用户，如图10-15所示。

图10-15　双击接收信息的用户

❷　打开聊天窗口，在下方的列表框中输入要发送的信息，然后单击 发送 按钮或按【Enter】键。发送后的信息将自动显示在聊天窗口上方的信息列表框中。

❸　等待对方回复信息后，屏幕右下角会自动弹出回复消息的提示信息，打开窗口后，单击其中的"点击查看"超链接，查看详细内容，如图10-16所示。

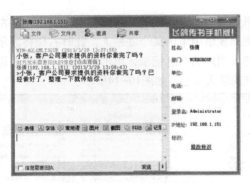

图10-16　查看对方回复的消息

❹　在打开的聊天窗口中输入文本信息并发送，然后单击 🗎文件 按钮，打开"打开"对话框，在其中选择需发送的文件，这里选择"客户回复.doc"文件，然后单击 打开(O) 按钮，如图10-17所示。

图10-17　选择需发送的文件

❺　对方接收文件后，在聊天窗口右侧的"文件传输"选项卡中将显示文件的传送进度。成功传送文件后，在信息列表框中会显示"文件[客户回复.doc]发送成功"文本。

❻　接收对方发送文件的方法与接收信息的方法类似，对方发来消息后，单击"点击查看"超链接，查看具体信息，图10-18所示为对方发送文件的请求。若要接收该文件则单击"接收"超链接；若不想接收则单击"拒绝"超链接，这里单击"接收"超链接。

❼　打开"另存为"对话框，在其中选择文件的保存位置后，单击 保存(S) 按钮，此时聊天窗口右侧的"文件传输"选项卡中将显示文件的接收进度，如图10-19所示。

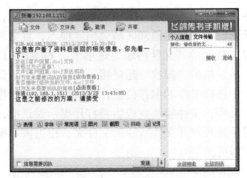

图10-18　接收对方发送的文件

图10-19　显示文件接收进度

❽　成功接收文件后，在信息列表框中会显示接收文件的名称和保存路径，如图10-20所示。如果单击"打开文件"超链接，则会打开已接收的文件；如果单击"打开目录"超链接，则会打开保存接收文件的文件夹。

图10-20　成功接收文件

⏱ 试一试

试将"产品图片"文件夹发送给设计部人员，并告诉其修改意见。

10.2 上机实战

本课上机实战将练习在局域网中设置并访问共享文件夹和使用飞鸽传书通知的操作。

上机目标：

◎ **熟练掌握设置并访问局域网中的共享文件夹。**

◎ **熟练掌握利用飞鸽传书在局域网中发送消息。**

建议上机学时：0.5学时。

10.2.1 访问局域网中的共享文件夹

1. 操作要求

本例通过"运行"对话框访问局域网中的电脑，并查看"产品销售预计"文件夹。

◎ 通过"运行"对话框访问局域网中的电脑。

◎ 找到需要的文件夹。

◎ 双击将其打开并查看。

2. 操作思路

根据上面的操作要求，具体的操作思路如图10-21所示。

 演示\第10课\访问局域网中的共享文件夹.swf

（a）访问共享电脑

（b）找到共享的文件夹

图10-21 访问并使用局域网中共享文件的操作思路

（c）双击打开查看

图10-21 访问并使用局域网中共享文件的操作思路（续）

❶ 单击 按钮，在弹出的"所有程序"菜单中选择"运行"命令，打开"运行"对话框。

❷ 在其中输入需要访问电脑的IP地址，单击 确定 按钮。

❸ 在打开的对话框中找到"产品销售预计"文件夹，双击将其打开。

❹ 在打开的页面中双击"订单子系统规划.xls"。

10.2.2 共享文件并用飞鸽传书通知

1. 操作要求

本例将把电脑上的"订单"文件夹共享到局域网中，然后通过飞鸽传书将共享的消息发送给局域网中的所有用户，其具体操作如下。

◎ 将"订单"文件夹设置为共享，共享名称默认不变。

◎ 打开飞鸽传书软件，给所有局域网中的用户发送文件共享的消息。

2. 操作思路

根据操作要求，本例的操作思路如图10-22所示。

（a）设置共享文件

（b）发送共享信息

图10-22 共享文件并飞鸽传书通知的操作思路

演示\第10课\共享文件并用飞鸽传书通知.swf

❶ 找到"订单"文件夹，在其上单击鼠标右键，在弹出的快捷菜单中选择【共享】→【特定用户】命令，在打开的对话框中进行设置。

❷ 启动飞鸽传书，在窗口中双击用户名称，在打开的交流窗口中输入信息并发送。

❸ 使用相同的方法将信息发送给其他人。

10.3 常见疑难解析

问：在设置共享文件夹时需要注意些什么？

答： 对文件设置了共享后，局域网中的其他用户就可以访问该文件。在设置时一定要设置好访问权限，如有的文件只能访问查看，不能修改，有的文件既可以访问，也可以修改其中的数据。

- -

问：利用飞鸽传书逐个给用户发送相同的信息比较麻烦，如何解决这个问题呢？

答： 直接单击窗口下方的"群发"超链接，在打开的聊天窗口中将要发送的信息输入并发送。

- -

10.4 课后练习

（1）将自己电脑中值得大家学习的文件共享到局域网中。

（2）访问局域网中的共享文件，将需要的文件复制到自己的电脑中。

（3）启动飞鸽传书，与局域网中的用户进行文字交流。

（4）将电脑中的文件通过飞鸽传书发送给其他用户。

演示\第10课\共享文件夹.swf、使用飞鸽传书交流.swf

第11课
Internet网络办公基础

学生：老师，自从前面您教我使用了局域网后，我学会了快速进行资源交流的方法。

老师：局域网为文秘办公中的资源共享和互访提供了很大的方便，大大提高了办公效率，但其中的资源是很有限的。今天我要给你讲解拥有更丰富资源的Internet。Internet中文名称叫互联网，它是全球最大的计算机网络。通过Internet，可以进行资源搜索、新闻浏览、电子邮件收发、资源下载以及网上贸易等操作。

学生：那真是太好了，这样，对于不懂的问题也可以通过Internet查找解决办法了。

老师：是的，你要认真学习。

学生：我一定认真掌握。

学习目标

▶ 掌握接入**Internet**的方法

▶ 掌握**IE**浏览器的使用方法

▶ 掌握网上搜索和下载资源的方法

11.1 课堂讲解

Internet是目前世界上最大的互联网络，其中包括各种各样的资源信息，是现代文秘办公中不可缺少的组成部分。本课堂主要讲述将电脑连接Internet、使用IE浏览器、搜索网上资源和下载网上资源等操作。

11.1.1 连接Internet

在使用Internet中的资源前，需要先将电脑连接到Internet，连接方法有多种，如ADSL宽带上网、小区宽带上网和专线上网等，下面分别讲解。

1. ADSL宽带

ADSL宽带方式的优点是速度快、稳定，在上网的同时也可以打电话，缺点是费用相对较高。要通过此方式连入Internet只需到运营商处申请开通该项业务，运营商会派专业人员上门安装并调试，同时还会提供用户名和密码，之后只需双击桌面上的"宽带连接"图标，在打开的"连接 宽带连接"对话框中输入用户名和密码，如图11-1所示，然后单击 连接(C) 按钮后就可以连入Internet。

图11-1 "连接 宽带连接"对话框

> 提示：拨号上网是指用户拥有上网终端（即电脑），使用调制解调器（Modem）通过电话线以拨号的方式进行上网，目前已经很少有人使用了。

2. 小区宽带

小区宽带方式是通过小区中的服务器上网，运营商在小区中建立一个服务器中转站，小区用户通过申请、缴费，将个人电脑通过服务器连入到Internet。小区宽带上网的明显特征是上网速度会随小区中同时上网人数增多而减慢。

> 提示：除上述连接方式外，还可用专线上网连接，它使用专用的线路连接网络，拥有固定的IP地址，资源不会被其他人占用，速度较快但费用也较高，适用于拥有局域网的大型单位或业务量较大的个人。

11.1.2 使用IE浏览器

将电脑连接到Internet后就可以在网络中浏览各种信息，在这之前需要先学会使用网页浏览器。IE（Internet Explorer）浏览器是目前最常使用的网页浏览器之一。

1. 启动并认识IE浏览器

IE浏览器集成在Windows 7中，成功安装Windows 7后就可使用IE浏览器了。

启动IE浏览器

双击桌面上的IE浏览器快捷方式图标 或选择【开始】→【Internet】命令即可启动。

认识IE浏览器

IE浏览器由按钮区、地址栏、菜单栏、工具栏、网页浏览窗口、状态栏等部分组成，如图11-2所示。其中大部分组成部分与Windows 7的窗口中相应组成部分的作用相同，这里只对一些特有的部分进行介绍。

◎ **按钮区**：其中包括很多工具按钮，如 、 、 、 和 等，通过单击这些按钮可对网页进行各种操作。

◎ **地址栏**：用来输入或显示当前网页的地址，即网址。单击其右侧的▾按钮，可在打开的下拉列表中快速访问曾经浏览过的网页。

◎ **网页浏览窗口**：主要用来显示网页里面包含的信息。

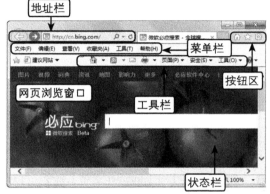

图11-2 IE操作界面

2. 打开并浏览网页

在地址栏中输入网址后，单击地址栏右侧的→按钮或按【Enter】键即可。打开网页后便可进行浏览，打开网页的常用方法有以下几种。

通过地址栏浏览网页

若知道要访问的网页的网址或IP地址，可直接通过IE浏览器的地址栏访问。如在地址栏中输入搜狐的网址"www.sohu.com"，然后单击→按钮，即可在打开的窗口中浏览该网页的内容，如图11-3所示。

图11-3 浏览搜狐主页

通过按钮浏览网页

IE浏览器的按钮区中有许多工具按钮，通过单击这些按钮可以控制网页的显示，各按钮的作用如下。

◎ 单击◉按钮可返回到上次浏览过的网页。

◎ 单击◉按钮可返回到后退之前的网页。

◎ 单击地址栏右侧的▾按钮可在打开的下拉列表中选择最近访问过的网页。

◎ 单击◉按钮，可快速访问IE浏览器设置的主页。

通过超链接浏览网页

在浏览网页时，单击网页中的文字或图像超链接，便可打开超链接指向的目标网页或对象。如单击图11-4所示上面图中的文字超链接，即可打开超链接指向的网页。

（a）单击文字超链接体育

（b）打开对应的体育网页

图11-4 使用超链接打开网页

3. 设置IE主页

IE主页是指启动IE浏览器时程序自动打开的网页，根据需要可将经常访问的网页设置为IE主页以便浏览。

❶ 启动IE浏览器，打开需设置为主页的网页，选择【工具】→【Internet 选项】命令。

❷ 打开"Internet 选项"对话框的"常规"选项卡，在"主页"栏的"地址"列表框中显示的是当前主页的网址，直接输入需更改的主页网址或单击 使用当前页(C) 按钮，如图11-5所示。单击 确定 按钮确认设置。

图11-5 设置IE主页

4. 收藏网页

对于重要或经常访问的网页，可通过收藏网页的方法来保存，以便以后快速访问。

❶ 在IE浏览器中打开需要收藏的网页，选择【收藏夹】→【添加到收藏夹】命令。

❷ 打开"添加收藏"对话框，在"名称"文本框中可设置网页的名称，单击 添加(A) 按钮，如图11-6所示，即可将当前网页添加到收藏夹中。

图11-6 设置"添加收藏"对话框

⚠ 技巧：按【Ctrl+D】键可直接将当前网页自动添加到收藏夹中。

5. 案例——浏览百度首页并设置为IE主页

掌握IE浏览器的使用方法是浏览和搜索网上资源的必备条件，下面将通过浏览百度首页并将其设置为IE主页为例，巩固IE浏览器的使

用方法。

❶ 双击桌面快捷图标 启动IE浏览器。

❷ 在地址栏中输入百度网址"www.baidu.com"，按【Enter】键即可打开，如图11-7所示，此时可通过滚动条浏览网页中的内容。

图11-7 输入网址

❸ 选择【工具】→【Internet 选项】命令，打开"Internet 选项"对话框的"常规"选项卡。

❹ 在"主页"栏的"地址"列表框中单击 使用当前页(C) 按钮，单击 确定 按钮即可将百度首页设置为IE浏览器的主页，如图11-8所示。

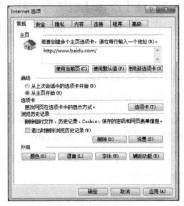

图11-8 设置IE主页

🕐 试一试

再次访问百度时，尝试通过地址栏的下拉列表进行。

11.1.3 搜索网上资源

Internet中的信息繁多，若要找到需要的信息，掌握一定的搜索技巧是非常必要的。

1. 逐步搜索法

对要搜索的信息不太了解或没有准确定位时，可以通过逐步搜索法在网页中一步一步地进行搜索。如在搜狐网中查找NBA相关信息的具体操作如下。

❶ 启动IE浏览器，在地址栏中输入"www.sohu.com"，按【Enter】键打开搜狐网的首页。

❷ 在其中单击NBA超链接，打开如图11-9所示的网页。在其中可查看关于NBA的相关信息。

图11-9　打开搜索网页

❸ 单击 赛程 超链接，打开如图11-10所示的网页。在其中便可看到最新的赛程安排。

图11-10　打开搜索结果网页

2. 快速搜索法

利用搜索引擎可以快速搜索到需要的信息，常见的搜索引擎有谷歌网（www.google.com）、百度网（www.baidu.com），其具体操作如下。

❶ 启动IE浏览器，在地址栏中输入"www.baidu.com"，按【Enter】键打开百度网首页。

❷ 单击 图片 超链接，进入图片搜索页面，并在文本框中输入"合欢花"，如图11-11所示。

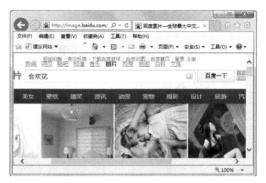

图11-11　输入关键字

❸ 单击 百度一下 按钮，在打开的网页中即可查看有关合欢花的相关图片，如图11-12所示。

图11-12　显示搜索结果

3. 案例——使用百度搜索"莲"的相关信息

下面以使用"百度"搜索引擎搜索"莲"的相关信息为例，熟悉在网上搜索资源的方法。

❶ 打开百度首页，在"搜索"文本框中输入"莲"文本，如图11-13所示。

❷ 单击 百度一下 按钮，在打开的网页中即可查看有关莲的相关信息。

❸ 浏览搜索到的每条超链接内容，单击需打开的超链接，如单击 莲 百度百科 超链接，将打开关于"莲"的百度百科内容，如图11-14所示。

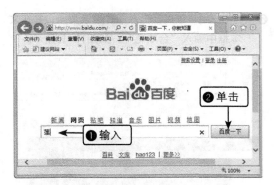

图11-13　输入关键字

图11-14　进入百度百科

⏱ **试一试**

比较分析两种搜索法各有什么优点、缺点。

11.1.4　下载网上资源

网络中的资源十分丰富，必要时可以将其下载到本地电脑中以备使用。下载网上资源包括直接保存网页资料和使用下载工具下载资源等，下面分别介绍。

1．直接保存网页资料

直接保存网页资料是指在网页中通过复制、保存等方法下载各种文字、图片、网页等资源。

◎ **保存文字信息：** 在网页中通过拖动鼠标选择需保存的文字，在选择的区域上单击鼠标右键，在弹出的快捷菜单中选择"复制"命令，然后在文档编辑软件中将复制的文字粘贴即可。

◎ **保存图片：** 在需下载的图片上单击鼠标右键，在弹出的快捷菜单中选择"图片另存为"命令，打开"保存图片"对话框，如图11-15所示，进行保存设置后单击 保存(S) 按钮。

图11-15　"保存图片"对话框

◎ **保存网页：** 在IE浏览器中选择【文件】→【另存为】命令，打开"保存网页"对话框，如图11-16所示，进行保存设置后单击 保存(S) 按钮即可保存整个网页内容。

图11-16　"保存网页"对话框

2．使用下载工具下载资源

直接保存网页资料的方法只适用于保存较小的文件，对于应用软件等较大的文件则需通过下载链接进行下载。下面介绍使用迅雷软件下载资源的方法。

❶ 在迅雷软件官方网站（http://dl.xunlei.com/index.htm）获取安装程序。

❷ 找到网页中相关资源的下载超链接，在其上单击鼠标，或者单击鼠标右键，在弹出的快

捷菜单中选择"使用迅雷下载"命令。

❸ 打开"新建任务"对话框,在其中设置资源
下载后的名称和保存位置等信息,完成后单
击 立即下载 ▼ 按钮即可开始下载。

3. 案例——使用迅雷下载"QQ2013"

"QQ2013"是腾讯推出的聊天工具的最
新版本。下面通过下载"QQ2013"聊天软件来
练习利用迅雷软件下载资源的方法。

❶ 打开"QQ2013"的下载网页(http://im.qq.
com/qq/2013/),在该网页的 ◉ 三雷下载 按钮上
单击鼠标右键,在弹出的快捷菜单中选择
"使用迅雷下载"命令。

❷ 打开"新建任务"对话框,在"存储目录"
下拉列表框右侧单击 ▥ 按钮,打开"浏览文
件夹"对话框,在其列表框中选择"桌面"
选项,单击 确定 按钮,如图11-17所示。

❸ 返回"新建任务"对话框,在"另存名称"下
拉列表框中输入"QQ2013",单击 立即下载 ▼ 按
钮,如图11-18所示。

图11-17 选择保存路径

图11-18 修改文件名称

❹ 此时迅雷下载软件将自动开始下载,并可在
打开的窗口中查看下载文件的名称、大小、
下载速度和进度等信息。

🕐 **试一试**
在"QQ2013"的下载超链接上单击鼠标右键,在弹出的快捷菜单中选择"目标另存为"命
令,看能否下载该资源。

11.2 上机实战

本课上机实战将练习收藏常用的网页,并练习在Internet中搜索和下载软件的方法,通过练习掌
握本课所学的知识点。

上机目标:
◎ 熟练掌握IE浏览器的启动和使用。
◎ 熟练掌握通过收藏夹收藏并访问网页。
◎ 熟练掌握搜索和下载Internet中的资源。
建议上机学时:1学时。

11.2.1 收藏并访问网页

1. 操作要求

本例将启动IE浏览器,通过地址栏访问新
浪网,然后将新浪网添加到IE浏览器的收藏夹

中,并重新启动IE浏览器,再通过收藏夹快速访
问新浪网,具体操作要求如下。

◎ 通过桌面快捷图标启动IE浏览器。

◎ 在地址栏中输入新浪网的网址并访问该网站。

◎ 将新浪网添加到IE浏览器的收藏夹中。

◎ 关闭IE浏览器并重新启动。

◎ 通过收藏夹访问新浪网。

2. 操作思路

根据上面的操作要求，本例的操作思路如图11-19所示。

（a）访问网页

（b）设置名称

（c）通过收藏夹访问网页

图11-19　收藏网页的操作思路

 演示\第11课\收藏并访问网页.swf

❶ 双击桌面上的IE浏览器快捷方式图标，启动IE浏览器。

❷ 在地址栏中输入"www.sina.com.cn"，然后按【Enter】键打开新浪网。

❸ 选择【收藏夹】→【添加到收藏夹】命令，

在打开的对话框中将名称更改为"新浪"，然后将新浪网添加到收藏夹中。

❹ 关闭IE浏览器，然后再次将其启动。

❺ 单击"收藏夹"菜单项，在弹出的下载菜单中选择"新浪"命令访问新浪网。

11.2.2　搜索并下载Nero刻录软件

1. 操作要求

本例将通过快速搜索法或逐步搜索法找到Nero软件的下载页面，然后利用迅雷软件将Nero下载到电脑中。

◎ 启动IE浏览器，打开百度网。

◎ 通过关键字搜索Nero的官方网站。

◎ 在Nero官网上通过逐步搜索法找到Nero的下载页面。

◎ 在下载链接上单击鼠标右键，通过快捷菜单利用迅雷软件下载。

◎ 设置下载的参数后开始下载Nero。

2. 操作思路

根据上面的操作要求，本例的操作思路如图11-20所示。

（a）搜索相关超链接网页

（b）找到相应的下载链接

图11-20　搜索并下载软件的操作思路

（c）使用迅雷下载

图11-20　搜索并下载软件的操作思路（续）

 演示\第11课\搜索并下载Nero刻录软件.swf

❶ 在桌面上双击 图标启动IE浏览器。

❷ 在地址栏中输入"www.baidu.com"，然后按【Enter】键访问百度网。

❸ 在文本框中输入"Nero刻录软件"，然后按【Enter】键搜索。单击搜索结果中的相关超链接，访问网站。

❹ 在"点击下载"超链接上单击鼠标右键，在弹出的快捷菜单中选择"使用迅雷下载"命令。

❺ 启动迅雷，并将文件的保存路径设置为"桌面"，然后开始下载。

11.3　常见疑难解析

问：前面多次提到了"网页""网站""主页""首页"，这些名词到底有什么区别呢？

答：网站是由多个网页构成的，如新浪网就是一个网站。而主页和首页是一种特殊的网页，其中主页是指IE浏览器启动后默认显示的网页；首页是指某个网站的第一个网页。

问：IE浏览器也具备下载的功能，那为什么要使用迅雷等其他的下载软件呢？

答：迅雷是专业的下载软件，与IE浏览器自带的下载功能相比，具有下载速度快、易于管理下载文件以及支持断点下载等多种优点（断点下载是指当因各种原因没有下载完文件后，下一次将继续未完成的下载，而不必重新开始下载）。

11.4　课后练习

（1）启动IE浏览器，通过其地址栏的下拉列表快速访问以前浏览过的网站。

（2）将常用的的网站，如百度、搜狐等添加到IE浏览器的收藏夹中。

（3）在新浪网中通过逐步搜索法搜索关于打印机的信息。

（4）利用百度网搜索千千静听的官方网站。

（5）在千千静听网站中逐步搜索的最新版本的软件下载超链接。

（6）利用迅雷软件下载千千静听。

 演示\第11课\使用浏览器访问网页.swf、搜索资料.swf、下载千千静听.swf

第12课
电子商务应用

学生：老师，我觉得Internet的信息资源太丰富了，足不出户就能知道天下事。

老师：是的，但是Internet的功能远不止搜索和下载资源，还可以进行网上交易、预订机票酒店、网上招聘等。

学生：真的吗？您快教教我。

老师：是的，刚才说的是Internet的电子商务功能，该功能大大方便了各种业务的开展，既节省了时间，也节约了费用。

学生：我一定要认真学习。

老师：好，不过要提醒你，凡事有利就有弊，在学会使用后一定要谨慎使用。

学习目标

▶ 掌握网上交易的方法

▶ 掌握网上预订机票和酒店的方法

▶ 掌握网上招聘的方法

12.1 课堂讲解

利用Internet不仅可以浏览和搜索各种信息、下载各种实用的资源，还可以办理很多工作中的事务，如买卖商品、预订酒店或机票、招聘员工等。本课堂对这些操作进行详细讲解，并通过若干案例进一步熟悉电子商务的应用。

12.1.1 网上交易

目前许多网站都提供了网上交易功能，如淘宝网、京东网、易趣网等，本节将以在淘宝网购物为例，介绍网上交易的方法。

1. 注册淘宝会员

在网上进行交易活动前，需要先在提供网上贸易服务的网站中进行会员注册，以获取网上购物的权利，下面在淘宝网中注册会员。

❶ 启动IE浏览器，在地址栏中输入"www.taobao.com"，按【Enter】键进入淘宝网首页，单击其中的 ✎免费注册 按钮，如图12-1所示。

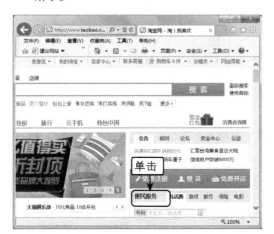

图12-1 单击"免费注册"超链接

❷ 在打开的网页中填写账户信息，如图12-2所示，然后单击 同意协议并注册 按钮。

❸ 在打开的网页中填写地区和绑定手机号码，如图12-3所示，然后单击 提交 按钮。

❹ 此时，淘宝系统将给上面输入的手机号码发送一条带有验证码的短信，在手机上查看验证码，然后将其输入到打开的提示对话框中，如图12-4所示，然后单击 验证 按钮。

图12-2 填写账户信息

图12-3 设置手机号码

图12-4 输入验证码

❺ 在打开的网页中提示成功开通淘宝服务的信息，并显示注册的账户名，如图12-5所示。

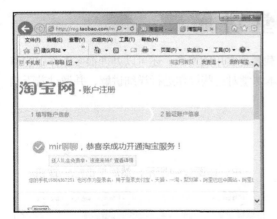

图12-5 成功开通

2. 登录与购买物品

在淘宝网中注册成功后，便可登录到网站购买需要的物品。

❶ 在淘宝网的首页上单击登录超链接，在打开的网页中输入注册的账户名和密码，单击 登录 按钮，如图12-6所示。

图12-6 登录界面

提示：若忘记了淘宝网的登录密码，可在上图所示的网页中单击忘记登录密码?超链接，然后根据向导提示进行操作，便可找回原来的密码。

❷ 成功登录后，便可在淘宝网首页中挑选需购买的物品，如这里单击耳机超链接。

❸ 在打开的网页中显示了所有关于耳机的信息，单击要查看的商品名称的超链接，如图12-7所示。

图12-7 选择物品

❹ 在打开的网页左下角可查看卖家信誉等信息，以减小上当受骗的几率，如图12-8所示。

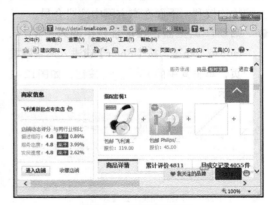

图12-8 查看商家信息

❺ 在网页下方即可浏览该物品的详细信息，如图12-9所示。

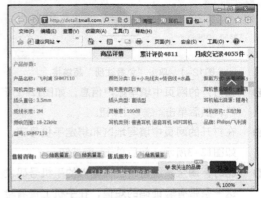

图12-9 查看物品信息

❻ 在网页上方选择商品的颜色和数量等，然后

单击 立刻购买 按钮，如图12-10所示。

图12-10 选择商品颜色和数量

❼ 在打开的提示对话框中填写收货地址等信息，然后单击 确定 按钮，如图12-11所示。

图12-11 输入收货地址

❽ 返回网页，单击网页下方的 提交订单 按钮，如图12-12所示。

图12-12 提交订单

❾ 此时淘宝网将显示支付宝余额，若余额不足，将提示账户没有可支付余额，使用网银充值，如图12-13所示，选择开通网银的银行的单选项，单击 下一步 按钮，根据提示充值后即可实现交易。

图12-13 完成购买

3. 团购优惠券

许多网站提供了团购商品的促销链接，可通过团购优惠券节约消费成本，下面以在京东网团购优惠券为例进行讲解。

❶ 在IE浏览器的地址栏中输入"www.jd.com/"，按【Enter】键进入京东商城首页，在其中单击"团购"选项卡，如图12-14所示。

图12-14 打开京东商城网页

❷ 在打开的网页中选择优惠券的类别，然后在下侧的列表中挑选需要的优惠券，单击 查看详情 按钮或图片下方的超链接，如图12-15所示。

❸ 在打开的网页中可查看优惠券的具体信息，确认后单击 团购 按钮，如图12-16所示。

图12-15 选择优惠券

图12-16 单击"团购"按钮

❹ 在打开的网页中填写订单确认信息，然后单击 提交订单 按钮，如图12-17所示。

图12-17 提交订单

> 提示：若没有设置自动登录，将打开提示对话框提示用户登录账户；若还未注册账户，可单击"注册"超链接，方法与注册淘宝会员相似。

❺ 稍后在打开的网页中根据提示使用网银付款。

4. 使用支付宝转账

使用支付宝不仅可以在淘宝网上购买物品，还可以进行转账。

❶ 在IE浏览器的地址栏中输入"www.taobao.com/"，按【Enter】键进入淘宝首页，在页面末尾单击"支付宝"超链接，如图12-18所示。

图12-18 单击"支付宝"超链接

❷ 打开支付宝登录网页，在其中输入账号和密码，单击 登录 按钮，如图12-19所示。

图12-19 登录支付宝网页

❸ 进入支付宝个人中心，在其中单击 转账 按钮，在打开的页面中的相关文本框中输入收款人、金额等信息，如图12-20所示。

❹ 单击 下一步 按钮，在打开的页面中显示了收款人的相关信息，在"校验码"文本框中输入校验码，然后单击 确认信息并付款 按钮，如图12-21所示。

图12-20　输入收款人信息

图12-21　确认转账并付款

5. 案例——在淘宝网购买钢笔

网上购物虽然方便，但由于其还在不断完善中，难免会有漏洞让不法份子利用，因此应谨慎行事。下面以在淘宝网中购买钢笔为例，再次熟悉网上购物的方法。

❶ 启动IE浏览器，在地址栏中输入"www.taobao.com"，按【Enter】键进入淘宝网首页，单击上方的请登录超链接。

❷ 在打开的网页中输入账户名和密码，单击 登录 按钮。

❸ 在淘宝网首页中单击登录超链接。

❹ 在打开的网页中寻找合适的物品，并单击相应的超链接，如图12-22所示。

❺ 在打开的网页中仔细查看物品和卖家的相关信息，确认需购买后单击 立即购买 按钮，如图12-23所示。

图12-22　单击超链接

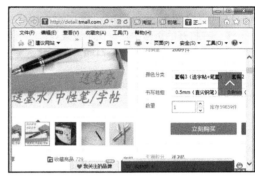

图12-23　单击"立即购买"按钮

❻ 在打开的网页中填写收货地址等信息，完成后单击 提交订单 按钮，如图12-24所示。

图12-24　提交订单

❼ 在打开的网页中根据提示使用网银支付。

试一试

阿里巴巴网（www.alibaba.com.cn）也是著名的网上购物网，试按讲解的方法在阿里巴巴网中购买需要的物品。

12.1.2 网上预订

网上预订与传统的预订相比，其选择更多、省时省力，是越来越多用户首选的预订方式。下面讲解网上预订的方法。

1. 预订机票

下面在艺龙旅行网中预订机票。

❶ 打开艺龙旅行网首页（www.elong.com），单击 免费注册 按钮，按提示注册为该网站会员。

❷ 以会员身份登录到网站，单击 机票预订 选项卡，在打开的页面中根据提示设置具体的机票信息，如起始城市、出发日期、座舱等级等，如图12-25所示。

图12-25　查找机票

❸ 设置完成后单击 搜索 按钮，稍后将搜索出符合条件的机票，并显示在打开的网页中。选定需要的机票后，单击右侧的 预订 按钮，如图12-26所示。

图12-26　选择机票

❹ 在打开的网页中根据提示设置乘客信息、付款

方式等，如图12-27所示，设置完成后单击网页下方的 提交订单 按钮即可。

图12-27　设置信息

2. 网上预订站点推荐

除"艺龙旅行网之外"，还有许多网站提供各种预订服务，下面将一些常用的预订类网站列举如下，以供参考。

◎ 携程旅行网　http://www.ctrip.com

◎ 中国酒店在线　http://www.gochinahotel.com/

◎ 中国统e订房网　http://www.u345.com

◎ 商旅网　http://www.eachline.com

◎ 商务中国　http://www.bizcn.com

◎ 乐游游综合商旅网　http://www.loyoyo.com

3. 案例——在携程网预订酒店

掌握网上预订技能对于文秘工作者很有帮助，下面将练习在携程网中预订酒店，再进一步熟悉网上预订操作。

❶ 打开携程旅行网的首页（www.ctrip.com），并注册为该网站会员。

❷ 以会员身份登录到网站，单击首页左侧的"酒店"选项卡，并根据提示设置具体信息，如酒店所在城市、入住时间、离店时间、价格范围等，如图12-28所示。

❸ 设置完成后单击 搜索 按钮，稍后将搜索出符合条件的酒店，选定需要的酒店后，单击右侧的 预订 按钮，如图12-29所示。

图12-28 设置信息

图12-29 预订酒店

❹ 在打开的网页中根据提示设置需要的房间数量、入住信息等，设置完成后单击网页下方的 提交订单 按钮即可预订，如图12-30所示。

图12-30 设置信息

⏱ **试一试**

以非会员的身份在携程网预订酒店。

12.1.3 网上招聘

随着Internet的飞速发展，网上招聘的应用

也越来越广泛。通过网上招聘，不但拓展了用人方招贤纳士的视野范围，也减少了成本。

1. 发布招聘信息

要在网上招聘人才首先需要注册会员，然后才能发布信息，下面以在中华英才网上发布招聘信息为例进行讲解。

❶ 在IE浏览器的地址栏中输入"www.chinahr.com"，按【Enter】键打开中华英才网网页，单击网页右上方的 企业会员注册 按钮，如图12-31所示。

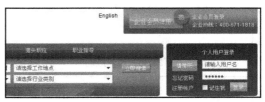

图12-31 选择注册方式

❷ 在打开的网页中输入具体的注册信息，如公司名称、所在地区、地址等，如图12-32所示。

图12-32 输入注册信息

❸ 设置完成后单击网页下方的 接受协议并注册 按钮，如图12-33所示。

图12-33 接受协议

❹ 在打开的网页中确认并进一步填写具体的注册信息，完成后单击网页下方的 确定 按钮，如图12-34所示。

❺ 在打开的网页中提示注册成功，如图12-35所示。

❻ 以企业会员身份登录到中华英才网，此时将

显示如图12-36所示的信息，提示关于招聘职位和招聘简历等相关信息。

图12-34　继续设置公司信息

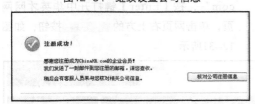

图12-35　注册成功

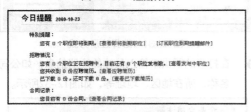

图12-36　查看提示信息

❼ 在该网页中单击 [新增职位] 按钮，如图12-37所示。

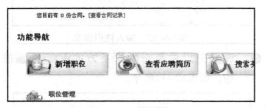

图12-37　单击"新增职位"按钮

❽ 在打开的网页中即可根据实际需要填写招聘职位的信息，如图12-38所示。然后根据提示单击 [发布该职位] 按钮发布该职位的招聘信息。

图12-38　设置职位描述

❾ 设置完成后单击该网页下方的 [下一步] 按钮，如图12-39所示。

图12-39　发布职位

❿ 在打开的网页中即可查看发布的职位招聘信息。

2. 接收和处理简历

在网上发布招聘信息后，即可随时查看关于该职位的应聘情况。

❶ 以企业会员身份访问中华英才网，单击网页中间 [查看应聘简历] 按钮，如图12-40所示。

图12-40　单击"查看应聘简历"按钮

❷ 打开如图12-41所示的网页，在其中将显示各份简历，单击其中一份简历即可对该简历内容进行详细查看。

图12-41　查看简历详情

3. 案例——在58同城网管理招聘简历

下面以在58同城网处理简历为例，熟悉在网上招聘的相关操作。

❶ 在IE浏览器的地址栏中输入"http://cd.58.com/job.shtml"，按【Enter】键打开58同城网页，单击网页右上方的 登录 超链接，在打开的网页中输入账户名和密码，单击 [登录] 即

可，如图12-42所示。

图12-42　登录网站

❷ 稍后在打开的网页中将鼠标移动到右上角的 我的58 ▼ 按钮上，在展开的列表中单击"招聘/简历"选项。

❸ 在打开的网页中将显示发布过的招聘信息，在相应的职位后单击 应聘简历 超链接，将打开提示对话框显示相应的简历，如图12-43所示。

❹ 在其中单击相应的姓名超链接，即可打开简历，单击 删除 超链接可将该简历删除，单击 ✕ 按钮可将提示对话框关闭。

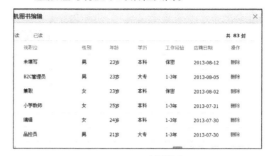

图12-43　选择简历

⏱ 试一试

试一试在其他招聘网站上注册并发布招聘信息。

12.2　上机实战

本课上机实战将练习在当当网上购买图书和在艺龙旅行网上预订酒店。通过这两个实战练习，进一步巩固本课所讲解的关于网上购物和网上预订的操作。

上机目标：

◎ 熟练掌握注册网站会员。

◎ 熟练掌握在网上选择物品并付款。

◎ 熟练掌握填写预订的机票信息并预定机票。

建议上机学时：1学时。

12.2.1　在当当网购买图书

1．操作要求

本例将启动IE浏览器，通过地址栏访问当当网，然后根据逐步搜索法找到需要购买的图书，最后进行购买。具体操作要求如下。

◎ 启动IE浏览器并访问当当网首页。

◎ 逐步搜索需要购买的图书。

◎ 注册会员。

◎ 在线购买并支付费用。

2．操作思路

根据上面的操作要求，本例的操作思路如图12-44所示。

（a）访问网页

图12-44　网上购买图书的操作思路

（b）寻找图书

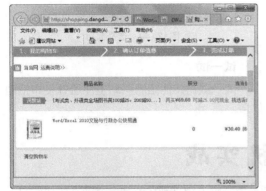

（c）结算物品

图12-44　网上购买图书的操作思路（续）

 演示\第12课\在当当网购买图书.swf

❶ 启动IE浏览器并在地址栏中输入"www.dangdang.com"，然后按【Enter】键访问当当网。

❷ 单击网页上方的 图书 超链接。

❸ 在打开的网页左侧进一步筛选图书种类，如单击"科技"类下的 计算机 超链接。

❹ 单击需要的图书对应的超链接。

❺ 在打开的网页右侧寻找需购买的图书，然后单击图书右侧的 🛒 购 买 按钮。

❻ 在打开的提示对话框中单击 去购物车结算 按钮，在购物车网页中单击 结 算 按钮。

❼ 在打开的提示框中单击 注 册 按钮，在打开的网页中按提示进行注册。

❽ 完成后会自动打开要求登录前的网页，查看购买的物品无误后，单击 结 算 按钮。

❾ 在打开的网页输入收货信息，单击 提交订单

按钮。

❿ 在打开的网页中选择相应的付费方式并进行支付。

12.2.2　网上预订酒店

1．操作要求

本例将启动IE浏览器，通过地址栏访问"艺龙旅行网"，然后选择酒店预订服务，填写详细信息并预订酒店。具体操作要求如下。

◎ 以会员的身份登录艺龙旅行网。

◎ 选择酒店预订服务。

◎ 填写入住酒店的详细信息。

◎ 在线购买并支付费用。

2．操作思路

根据上面的操作要求，本例的操作思路如图12-45所示。

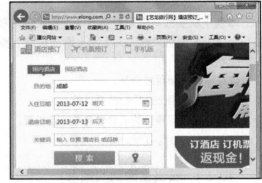

（a）查找酒店

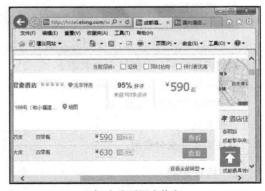

（b）查看酒店信息

图12-45　网上预订酒店的操作思路

（c）填写入住信息

图12-45　网上预订酒店的操作思路（续）

演示\第12课\网上预订酒店.swf

❶ 启动IE浏览器并在地址栏中输入"www.elong.com"，然后按【Enter】键打开艺龙旅行网。

❷ 在左侧的相应位置设置入住信息，然后单击 搜索 按钮。

❸ 在打开的网页中显示搜索出的酒店信息，在需要的酒店超链接后单击 查看 按钮。

❹ 在打开的网页中的需要入住的酒店超链接后单击 预订 按钮。

❺ 在打开的网页中填写入住信息，完成后单击 完成预订 按钮。

12.3　常见疑难解析

问：如果在淘宝网中确认了购买操作，但发现操作错误，这时能取消购买吗？

答： 遇到这种情况可及时与卖家联系，双方协商后可由卖家撤销因误操作而下的订单。在淘宝中与卖家联系需安装"淘宝旺旺"聊天软件，其使用方法与局域网中讲解的飞鸽传书相似。

问：使用支付宝转账可以转账到储蓄卡吗？

答： 可以，在单击 转账 按钮后，在打开的网页中单击"转账到储蓄卡"选项卡，在其中进行设置即可。

问：网上购物时，若购买到不喜欢的物品能不能退货呢？

答： 一般来说，在购买物品之前，都应该事先了解该产品的外观、性能、成分等各种信息，若收到的物品与之出入较大或存在质量问题，则可以跟卖家联系商量退货事宜。

12.4　课后练习

（1）在新浪商城（http://mall.sina.com.cn）注册用户，并模拟购买一部MP4，体验网上购物的过程。

（2）在携程旅行网中模拟预订北京兆龙饭店的房间，熟悉在网上预订酒店的操作。

（3）网上求职与网上招聘类似，不过只是将发布职位的操作更改为填写简历的操作，试在前程无忧网（www.51job.com）中注册会员、填写简历并进行网上求职。

演示\第12课\网上购物.swf、网上预订.swf、网上招聘.swf

第13课
网上沟通

学生：老师，前面讲解了网络的一些知识，我觉得网络应用真方便。

老师：是的，在网络中还可以很方便地与客户进行沟通，如收发电子邮件、使用QQ聊天软件即时交流等。

学生：这些也是文秘工作者需要掌握的技能吗？

老师：是的，一定要认真掌握。

学习目标

▶ 掌握收发电子邮件的方法

▶ 熟悉使用 Outlook 管理电子邮件

▶ 掌握使用 QQ 软件进行交流

13.1 课堂讲解

网上即时沟通有利于信息的交流，本课堂主要讲述收发电子邮件的方法、使用Outlook管理电子邮件和使用QQ进行交流等操作。本课的内容是在Internet中实现网上自由沟通的基础，因此在学习相关知识点和实践案例时，应该善于思考和总结，以便更好地掌握本课所讲的知识点。

13.1.1 收发电子邮件

在快节奏、高效率的现代社会中，利用电子邮件传递信息，已成为人们工作和生活中交流信息的重要手段，也逐渐取代了传统信件在人们生活中的地位。

1. 认识电子邮件

电子邮件又称E-mail，它可以快捷、方便地通过网络跨地域传递和接收信息。电子邮件与传统信件相比，主要有以下几种优点。

◎ **使用方便**：收发电子邮件都是通过电脑完成的，并且收发电子邮件无地域和时间限制。

◎ **速度快**：电子邮件的发送和接收通常只需要几秒钟的时间。

◎ **价钱便宜**：电子邮件比传统信件的成本更低，距离越远越能体现这一优点。

◎ **投递准确**：电子邮件按照全球唯一的邮箱地址进行发送，保证准确无误。

◎ **内容丰富**：电子邮件不仅可以传送文字，还可以传送文件，如图片、声音和视频等。

2. 申请电子邮箱

要在网上收发电子邮件，必须先申请一个电子邮箱。各大门户网站都提供了邮箱服务，目前分为收费和免费两种，申请的具体方法也大致相似。下面以在网易网中申请免费邮箱为例进行介绍。

❶ 启动IE浏览器，打开126邮箱网（http://www.126.com/），单击 立即注册 按钮，如图13-1所示，打开注册邮箱的页面。

❷ 在"邮件地址"文本框中输入"mou989416"，再输入相关的用户信息，如图13-2所示。

图13-1 单击"立即注册"按钮

图13-2 输入相关注册信息

❸ 单击 立即注册 按钮，页面将自动跳转，并弹出提示窗口提示邮箱注册成功，然后单击 取消 按钮即可完成注册，如图13-3所示。

图13-3 完成注册

> 提示：公司通常都有企业邮箱，由网络管理人员完成账户的添加并设置初始密码，同时对邮箱大小和权限进行设置。企业员工只需登录邮件服务器，并用网络管理人员分配的账号及默认密码登录，再进行邮箱密码的修改即可。

3. 撰写与发送电子邮件

申请好电子邮箱后，即可登录邮箱，并给同事或客户发送电子邮件了。在发送电子邮件之前应先撰写邮件内容。

❶ 在IE浏览器地址栏中输入"http://email.163.com"并按【Enter】键。打开电子邮箱登录页面，输入账号及密码后单击 登录 按钮登录邮箱，如图13-4所示。

图13-4 登录邮箱

❷ 单击左侧列表框中的 写信 按钮，如图13-5所示。

图13-5 单击"写信"按钮

❸ 在"收件人"及"主题"文本框中分别输入收件人邮箱地址及邮件主题，在邮件内容编辑框中输入邮件内容，单击"添加附件"超链接，如图13-6所示。

图13-6 撰写邮件内容

❹ 在打开的对话框中选择电脑中要添加的附件，再单击 打开(O) 按钮，如图13-7所示。

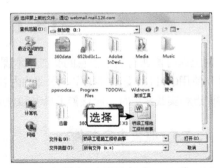

图13-7 选择附件

❺ 完成邮件内容及添加附件后，单击 发送 按钮完成发送邮件的操作，如图13-8所示。

图13-8 发送邮件

4. 接收和回复电子邮件

当他人向你发送了邮件，你可登录邮箱接收并查看邮件内容，然后回复邮件。

❶ 登录电子邮箱后，在打开的页面左侧单击"收件箱（2）"选项，打开收件箱，在打开的页面右侧单击要查看的邮件的标题，打开该邮件，如图13-9所示。

图13-9 打开邮件

❷ 查看邮件内容后，单击 回复 按钮，在打开的回复页面中输入回复内容，然后单击 发送 按钮进行邮件发送，如图13-10所示。

图13-10　回复并发送邮件

5. 案例——登录电子邮箱并发送邮件

登录电子邮箱是收发电子邮件的前提，只有掌握其基本操作后才能对邮件进行撰写和收发等各种操作。下面将通过发送主题为"员工手册"的电子邮件来巩固登录和发送电子邮件的方法。

❶ 在IE浏览器地址栏中输入"http://email.163.com"并按【Enter】键。打开电子邮箱登录页面，输入账号及密码后单击 登录 按钮登录邮箱。

❷ 单击左侧列表框中的 ✎ 写信 按钮，在"收件人"及"主题"文本框中分别输入收件人邮箱地址及邮件主题，在邮件内容编辑框中输入邮件内容，如图13-11所示。

图13-11　撰写邮件

❸ 单击 发送 按钮，完成发送邮件的操作。

⏱ 试一试

在上述案例的第2步中，用抄送的形式同时将邮件发送给其他用户，熟悉抄送邮件的操作。

13.1.2 使用Outlook管理电子邮件

Outlook是Office办公软件中集成的一款邮件收发软件，不仅有收发邮件的功能，还能对其中大量的邮件进行管理。

1. 配置Outlook并收发邮件

安装Outlook后，还需要进行配置才能使用。

❶ 通过"所有程序"菜单启动Outlook，在打开的对话框中单击 下一步(N) > 按钮，如图13-12所示。

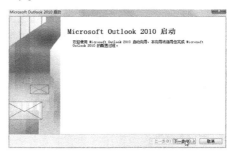

图13-12　启动Outlook

❷ 在打开的对话框中选中"是"单选项，然后单击 下一步(N) > 按钮，如图13-13所示。

图13-13　确认配置邮件账户

❸ 在打开的对话框中输入电子邮件账户，然后单击 下一步(N) > 按钮，如图13-14所示。

图13-14　输入电子邮件账户

❹ 在打开的对话框中将显示正在配置状态，如图13-15所示。稍等片刻后，将完成配置，单击 完成 按钮，如图13-16所示，稍后即可进入Outlook主界面。

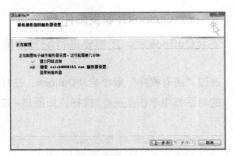

图13-15　联机搜索服务设置

图13-16　完成配置

❺ 打开Outlook的主界面，在左侧列表框中选择"收件箱"选项。在中间列表框中选择需要查看的信件，在右侧列表框中即可查看电子邮件了，如图13-17所示。

图13-17　查看电子邮件

❻ 在【开始】→【新建】组中单击 按钮，打开"未命名-邮件"窗口，如图13-18所示。

图13-18　打开电子邮件窗口

❼ 在打开的窗口中输入邮件内容，然后单击 按钮即可发送，如图13-19所示。

图13-19　撰写邮件并发送

2. 集中管理电子邮件

使用Outlook可以同时管理多个邮箱账户，方便工作中繁琐的邮件管理工作。下面分别讲解相关操作。

管理多个邮箱账户

管理多个电子邮箱是Outlook的特色功能之一，下面讲解添加并管理多个邮箱账户的方法。

❶ 单击 按钮，选择【所有程序】→【Microsoft Office】→【Microsoft Outlook 2010】命令，启动Outlook 2010。选择【文件】→【信息】命令，在打开的面板中单击 添加帐户 按钮，如图13-20所示。

图13-20　单击按钮

❷ 打开"添加新账户"对话框，直接单击 下一步(N) > 按钮，在打开的对话框中输入电子邮箱的相关信息，如图13-21所示。

❸ 单击 下一步(N) > 按钮，将开始与服务器连接。

❹ 稍后将进入Outlook主界面，并在邮箱用户栏显示新添加的邮箱用户，如图13-22所示。

图13-21　输入账户相关信息

图13-22　完成账户添加

✏️ **搜索文件**

使用Outlook管理大量的邮箱时，可通过搜索文件夹来轻松找到需要的邮件。

❶ 在左侧相应的用户列表中单击 🔲 搜索文件夹 按钮，在打开的下拉列表中选择"新建搜索文件夹"命令，打开"新建搜索文件夹"对话框，在其中设置需要搜索的文件条件，如图13-23所示。

图13-23　设置搜索条件

❷ 单击 确定 按钮即可在中间的列表框中显示满足条件的邮件，如图13-24所示。

图13-24　搜索邮件文件

✏️ **筛选邮件**

通过筛选邮件的操作还可以将一些特定的邮件单独显示出来。

❶ 在【开始】→【查找】组中单击 ▽ 筛选电子邮件▾ 按钮。

❷ 在打开的下拉列表中选择需要筛选的条件，如选择【本周】→【上个月】命令，如图13-25所示。此时在邮件列表框中只显示上个月的邮件。

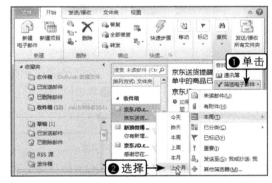

图13-25　选择命令

⚙️ **13.1.3　使用QQ进行交流**

QQ是目前最流行的聊天软件，它可以不受任何时间或地域限制，在网上与同事或客户进行交流或传递文件。

1. 申请QQ号码

在使用QQ之前需要先申请一个QQ号码，QQ号码分为付费和免费两种形式，除非有特殊要求，一般申请免费的QQ号码即可。

❶ 双击桌面上的腾讯QQ图标📧，在打开的

对话框中单击"注册账号"超链接，如图
13-26所示。

> ⓘ 提示：若电脑中没有安装QQ软件，可访
> 问www.qq.com，在打开的网页中单击右
> 上方的 一键登录 按钮。

图13-26 单击QQ号码申请链接

❷ 在打开的网页的"QQ账号"选项卡中根据
提示填写相关申请信息，然后单击 立即注册 按
钮，如图13-27所示。

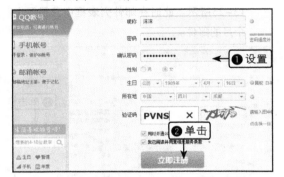

图13-27 输入用户信息

❸ 稍等片刻将打开提示用户QQ号码申请成功
的页面，在其中显示了新申请的QQ号码，
记录下该号码，如图13-28所示。

图13-28 QQ账号申请成功

2. 登录并添加好友

新申请的QQ号中还没有任何好友，需要
添加后才能进行信息沟通。

❶ 双击桌面上的腾讯QQ图标，在打开的对
话框的下拉列表框中输入QQ号码和密码。
单击 登录 按钮，如图13-29所示。

图13-29 登录QQ软件

❷ 稍后将登录到QQ主界面，在主界面下方单
击 查找 按钮，如图13-30所示。

图13-30 准备查找好友

❸ 在打开的对话框中输入好友的QQ号，单击
查找 按钮进行查找。

❹ 查找到好友后选择搜索到的好友，单击
+好友 按钮，如图13-31所示。

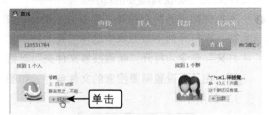

图13-31 单击"好友"按钮

❺ 在打开的"添加好友"对话框的文本框中输
入验证信息，依次单击 下一步 按钮。

❻ 在"备注姓名"文本框中输入"飓风——李
总"，然后单击"创建分组"超链接，在打
开的提示对话框中输入分组名称"同事"，
单击 确定 按钮，最后单击 下一步 小按
钮，如图13-32所示。

❼ 稍后打开发送成功的对话框，单击 完成 按
钮完成好友添加。

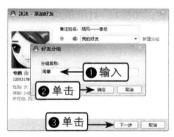

图13-32　输入验证信息

❽　在任务栏中双击 图标，打开QQ窗口，单击
　　"同事"选项，其中就显示了刚添加的好友。

3. 与客户交流

　　QQ支持多种聊天方式，如文本方式、语
音方式及视频方式等，同时还可以进行文件的
传递，下面分别介绍。

文字交流

　　文字交流是QQ聊天中最常用的一种
方式。

❶　在QQ面板中双击好友头像，打开聊天窗口。

❷　在打开的聊天窗口中单击 按钮，将打开字
　　体设置栏，在其中单击"字体"下拉列表框
　　右侧的下拉按钮 ，在弹出的下拉列表中设
　　置字符格式，如图13-33所示。

图13-33　设置字符格式

❸　再次单击 按钮，在下方的文本框中输入要
　　交流的内容，然后单击 按钮，在打开的面
　　板中选择一种表情符号，如图13-34所示。

图13-34　发送表情符号

❹　单击 发送(S) 按钮即可发送消息，如图
　　13-35所示。

图13-35　发送消息

语音交流

　　使用语音交流省去了打字的麻烦，QQ语音
交流就如同打电话一样方便。

❶　在QQ聊天窗口上方单击 按钮，即可发起
　　语音通话，如同13-36所示。

图13-36　请求语音通话

❷　对方接受后，即可开始进行语音聊天，单击
　　 挂断 按钮即可结束本次通话。

视频交流

　　QQ聊天除了使用文字和语音交流外，还
可以使用视频交流，就如同面对面交流一样。

❶　在打开的聊天窗口上方单击 按钮，即可发
　　起视频对话。

❷　等对方接受视频后，即可在窗口中看到对方
　　的影像，如图13-37所示。

图13-37　视频交流

发送文件

QQ除了可以聊天外，还可以传送文件。

❶ 在QQ聊天窗口上方单击▦按钮，在打开的下拉菜单中选择"发送文件/文件夹"命令，在打开的对话框中选择需要发送的文件，单击 发送(S) 按钮，如图13-38所示。

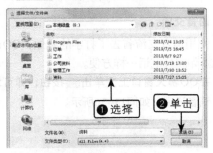

图13-38 选择需要发送的文件

❷ 文件即可发送，并在打开的提示框中显示传送进度，如图13-39所示。

图13-39 传送文件

❸ 文件传送完毕后，将在聊天窗口提示文件传送成功，如图13-40所示。

图13-40 成功发送文件

4. 案例——使用QQ与客户进行交流

在文秘办公中，利用QQ与同事或客户进行文字交流简单而方便。下面将以使用QQ与客户交流为例，进一步巩固用QQ进行即时交流的方法。

❶ 双击桌面上的 快捷图标，打开QQ登录对话框。在其中输入账号和密码，其他保持默

认设置，如图13-41所示。

图13-41 登录QQ

❷ 单击 登录 按钮，即可将QQ以"我在线上"状态登录。

❸ 双击需进行聊天的好友头像打开聊天窗口，并在其中输入如图13-42所示的聊天内容，单击 发送(S) ▾ 按钮即可。

图13-42 发送信息

❹ 此时发送的文字信息将显示在聊天窗口上方。待对方回复信息后，聊天窗口也将同步显示其信息内容，如图13-43所示。

图13-43 查看对方回复

❺ 继续在聊天窗口下方的文本框中输入需回复对方的信息并发送即可。

试一试

试试利用QQ与客户进行交流，并将一些介绍公司情况的文件通过QQ传送给对方。

13.2 上机实战

电子邮件和即时聊天是Internet中最常用的通讯方式之一，随着其优点越来越明显，很多企业逐步开始采用这种方式来相互联系或联络客户。本课上机实战将练习通过网页和Outlook 2010收发电子邮件，以及利用QQ进行即时交流的操作，进一步巩固本课所讲解的相关知识。

上机目标：

◎ **熟练掌握在"新浪"网申请邮箱。**

◎ **熟练掌握登录"新浪"网的邮箱并撰写和发送邮件。**

◎ **熟练掌握在Outlook Express中创建邮件账户并收取邮件。**

◎ **熟练掌握申请QQ号码并登录QQ窗口。**

◎ **熟练掌握添加聊天好友并进行即时交流。**

建议上机学时：1学时。

13.2.1 撰写并发送电子邮件

1. 操作要求

本例将练习在新浪网中申请免费电子邮箱，并登录到邮箱中进行邮件的撰写和发送，然后利用Outlook 2010收取该账户的邮件。

◎ 打开新浪网，申请免费电子邮箱。

◎ 登录电子邮箱。

◎ 撰写并发送新邮件。

◎ 在Outlook 2010中创建该邮件账户。

◎ 收取账户的邮件。

2. 操作思路

根据上面的操作要求，本例的操作思路如图13-44所示。

（a）申请并登录邮箱

（b）撰写并发送邮件

图13-44 发送和接收电子邮件的操作思路

（c）在Outlook中接收邮件

图13-44 发送和接收电子邮件的操作思路（续）

演示\第13课\撰写并发送电子邮件.swf

❶ 在IE浏览器的地址栏中输入"mail.sina.com.cn"，然后按【Enter】键，在打开的网页中单击"立即注册"超链接，注册免费电子邮箱。

❷ 完成注册后，登录到该邮箱并单击左上方的 超链接，在相应的文本框中输入对应的信息，并添加附件，然后单击 发送 按钮发送邮件。

❸ 启动Outlook 2010，在打开的窗口中选择【文件】→【信息】命令，并在打开的对话框中单击 添加账户 按钮，在弹出的菜单中选择"邮件"命令，然后根据提示创建邮件账户。

❹ 单击 收件箱 按钮收取账户邮件并进行查看。

13.2.2 利用QQ软件发送销售方案

1. 操作要求

本例将练习申请QQ号码，并添加聊天好友，然后向好友发送文件的操作。

◎ 打开腾讯网申请QQ号码。

◎ 登录QQ并添加QQ聊天好友。

◎ 和好友进行文字交流。

◎ 向好友发送业务合同。

 演示\第13课\利用QQ软件发送销售方案.swf

2. 操作思路

❶ 在IE地址栏中输入"www.qq.com"，按【Enter】键，在打开的网页左上方单击"立即注册"超链接，申请免费QQ号码。

❷ 启动QQ软件，输入相应的账号和密码登录。

❸ 单击窗口下方 查找 按钮，添加QQ聊天好友。

❹ 双击好友头像，在打开的窗口中与之进行文字交流。

❺ 单击 按钮，在打开的对话框中选择文件后向对方发送该文件。

13.3 常见疑难解析

问：昨天与客户进行沟通后，突然忘记客户提出的具体请求，QQ软件可以设法提取昨天的聊天记录吗？

答：登录QQ，打开与客户的聊天窗口，然后单击 消息记录 按钮，可在聊天窗口右侧显示与客户的聊天记录。单击聊天记录显示区域下方的 按钮，可在弹出的列表中选择与该客户的聊天时间，以显示当天的聊天记录。

问：利用QQ接收文件后，直接单击"接收"超链接，却不知该文件保存在什么位置了。

答：安装QQ后，该软件会将默认的收取文件位置设置为"D:\Program Files\Tencent\QQ\Users\QQ账号\FileRecv"，其中"D:\Program Files\"表示QQ安装在电脑中的位置。依次打开这些文件夹窗口即可看到接收的文件。

13.4 课后练习

（1）在搜狐网（http://www.sohu.com/）中申请免费电子邮箱。

（2）登录到上一题申请的邮箱中，撰写一份邮件并发送给同事、同学或客户。

（3）在搜狐网中查看该邮箱中接收的邮件内容。

（4）在Outlook 2010中为邮箱创建账户。

（5）在Outlook 2010中撰写邮件并发送给同事。

（6）在腾讯网中申请免费QQ账号。

（7）利用该账号登录QQ并添加好友，然后进行即时交流。

 演示\第13课\用网页收发电子邮件.swf、用Outlook收发电子邮件.swf、申请免费QQ账号.swf

第14课
常用办公工具软件

学生：老师，前面学习了使用Office完成办公文件的制作，但是，还是感觉力不从心。

老师：这很正常，别着急，Office只是针对办公中的文件，而文秘工作中，常常需要在网上下载资料，压缩或解压缩文件，处理图片，刻录光盘等，因此，你还需要学习办公中常用的工具软件。

学生：哦，那你能详细地给我讲讲吗？

老师：好的，接下来便讲解文秘工作者常用的工具软件。

学生：我一定好好学习！

学习目标

▶ 掌握压缩与解压缩软件的使用

▶ 掌握迅雷下载资料的方法

▶ 掌握导入与浏览照片的方法

▶ 掌握Nero刻录软件的使用方法

14.1　课堂讲解

现代化办公在企业中越来越重要，许多辅助办公的软件也层出不穷。本课堂主要讲述几种常用软件，包括WinRAR解压缩软件、迅雷下载软件、ACDSee看图软件、光影魔术手图像处理软件、Nero光盘刻录软件。

14.1.1　压缩与解压缩软件

WinRAR是一款优秀的压缩和解压缩软件，它可以将多个文件或文件夹压缩成一个压缩包（扩展名为.rar），以减少复制、传输文件的时间，也可减少所占用的磁盘空间。对于压缩包，使用WinRAR可对其进行解压，即将压缩包中的文件还原成未打包前的状态。

1.　压缩文件

将电脑中的文件或文件夹通过WinRAR压缩为一个文件的方法有很多种，这里介绍其中最常用、最快捷的一种。

❶　安装好WinRAR后，在要压缩的文件或文件夹图标上单击鼠标右键，在弹出的快捷菜单中选择"添加到压缩文件"命令，如图14-1所示，打开"压缩文件名和参数"对话框。

图14-1　执行压缩文件操作

❷　在"压缩文件名"下拉列表框中输入压缩包的名称，在下方进行其他压缩属性的设置，如选择压缩的格式、是否删除源文件等，如图14-2所示。

❸　单击 确定 按钮，在打开的对话框中将显示压缩文件的进度，如图14-3所示，若单击

 后台(B) 按钮可在后台进行压缩，压缩完成后将自动关闭对话框。

图14-2　进行压缩参数设置

图14-3　压缩文件

2.　解压文件

在电脑中安装了WinRAR后，压缩文件通常以 图标显示，这类文件必须对其进行解压操作。

❶　在需要解压的文件图标上单击鼠标右键，在弹出的快捷菜单中选择"解压文件"命令，如图14-4所示，打开"解压路径和选项"对话框。

❷　在"目标路径"下拉列表框中输入解压的路径或单击右侧的 按钮，在下拉列表中选择路径，如图14-5所示。

图14-4 解压文件

图14-5 进行解压设置

❸ 单击 确定 按钮即可完成解压操作。

> 提示：压缩文件或文件夹时，在快捷菜单中选择"添加到'××'"命令（××指当前的文件或文件夹名称），可直接将文件或文件夹以当前名称压缩，不用打开设置对话框。同样，在解压文件时，选择"解压到××"命令，可在当前文件夹中新建一个与压缩文件同名的文件夹，然后将解压的文件放入其中。

14.1.2 使用迅雷下载

迅雷是一款专业的下载软件，它可以同时对多个资源进行下载，并可提高下载速度。要使用迅雷必须安装该软件（其免费下载地址为 http://www.xunlei.com），下面将介绍使用迅雷下载资源的各种方法及技巧。

1. 通过迅雷工作界面下载

迅雷工作界面有搜索文本框，通过它可快速搜索资源并进行下载。

❶ 安装迅雷下载软件后，选择【开始】→【所有程序】→【迅雷软件】→【迅雷7】→【启动迅雷7】命令，如图14-6所示。

图14-6 启动迅雷下载软件

❷ 在迅雷工作界面右上方的文本框中输入"foxmail"，然后单击其后的 按钮，如图14-7所示。

图14-7 输入下载资源并搜索

❸ 在打开的网页中列出了搜索到的资源列表，并将其官方网站的下载地址列在首位，单击该下载超链接，如图14-8所示。

图14-8 选择下载资源

❹ 打开"新建任务"对话框，单击下拉列表框右侧的 按钮，打开"浏览文件夹"对话框，如图14-9所示。

图14-9　打开"浏览文件夹"对话框

❺ 在对话框中选择资源保存的位置，如E盘下的"软件"文件夹，单击 确定 按钮，如图14-10所示。

图14-10　选择资源保存位置

❻ 返回"新建任务"对话框，单击 ▼ 按钮，展开对话框，如图14-11所示。

图14-11　准备进行下载设置

❼ 在"原始地址线程数"文本框中输入线程数"8"（一般来说，线程越多，下载速度越快），单击 立即下载 按钮，如图14-12所示。

图14-12　设置线程数

❽ 打开迅雷下载软件的工作界面，在下载区域中将显示下载速度及进度等信息，如图14-13所示。

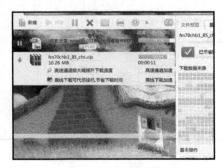

图14-13　开始下载

❾ 下载完成后，单击左侧"已完成"选项卡，可查看已下载的资源信息，如图14-14所示。

图14-14　完成下载

2. 断点下载

在使用迅雷下载网上资源时，有时会由于突然停电、意外关闭软件或其他情况需要暂停下载正在下载的资源，以后有需要时再从中断的地方继续下载。

❶ 开始下载网上资源并进入迅雷下载界面后，在下载资源上单击鼠标右键，在弹出的快捷菜单中选择"暂停任务"命令，如图14-15所示。

图14-15　暂停下载

提示：在迅雷下载软件中选择需暂停的任务，再单击工具栏中的"暂停"按钮▌▌，可暂停下载，此时"开始"按钮▶呈可操作状态，单击它可继续下载。

❷ 暂停下载后，打开迅雷工作界面，在需继续下载的资源上单击鼠标右键，在弹出的快捷菜单中选择"开始任务"命令，如图14-16所示。

图14-16 继续下载

提示：如果当前正在下载多个资源，在任意一个资源上单击鼠标右键，在弹出的快捷菜单中选择"全部选定"命令，再选择"暂停任务"或"开始任务"等命令，可全部暂停下载或继续下载等。

3. 管理下载的资源

使用迅雷下载文件后，还可以在迅雷工作界面中对下载的文件进行管理，如查看文件信息、移动文件、复制文件和删除文件等，下面分别进行讲解。

查看已下载的文件

打开迅雷工作界面后，在左侧的"任务管理"窗格中单击"已完成"选项，可在右侧窗格中显示所有已下载的文件列表，如图14-17所示。

查看已下载文件的详细信息

单击需查看的文件，将看到该下载文件的相关信息，如文件大小、完成时间等，并能对其进行重新下载、上传和转发等操作，如图

14-18所示。

图14-17 查看已下载的文件

图14-18 查看已下载文件的详细信息

快速运行已下载的软件

在需运行的软件上单击鼠标右键，在弹出的快捷菜单中选择"打开文件"命令，可快速运行该软件，如图14-19所示。

图14-19 快速运行已下载的软件

移动下载文件的位置

选择已下载的文件，将其拖动到左侧"我的下载"窗格的"私人空间"选项上，释放即可将其移动位置，如图14-20所示。

图14-20 移动下载文件的位置

对已下载的文件进行重命名

在需重命名的文件上单击鼠标右键,在弹出的快捷菜单中选择"重命名"命令,然后在打开对话框的文本框中输入文件名,单击 确定 按钮,如图14-21所示。

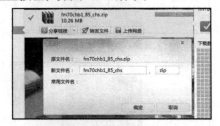

图14-21 对已下载的文件进行重命名

清理已下载的文件列表

在需清理的文件列表上单击鼠标右键,在弹出的快捷菜单中选择"删除任务"命令可清理文件列表,如图14-22所示。

图14-22 清理已下载的文件列表

> 提示:与迅雷类似的下载软件还有FlashGet(网际快车)、QQ旋风等,它们的使用方法都是类似的。

14.1.3 导入与浏览数码照片

工作中有时会使用数码设备来拍摄一些有意义的活动会议照片或产品图片,这时就需要文秘工作者将数码设备中的照片导入到电脑中,并进行简单的处理。

1. 导入数码设备中的照片和视频

在进行拍摄后,需要将数码设备中的照片和视频导入到电脑中以便查看,下面分别介绍导入照片和视频的方法。

将数码相机中的照片保存到电脑

购买相机时都会附带数据线和存储卡,用于与电脑进行数据交换。其数据交换方法与U盘的使用相同,下面将数码相机中的照片保存到电脑。

❶ 将数码相机数据线一端与电脑的USB接口相连,另一端与数码相机相连。打开数码相机,选择默认的"拍摄"模式,按数码相机上的"OK"键。

❷ 打开"计算机"窗口,双击连接相机后出现的磁盘图标,如图14-23所示。

图14-23 打开数码相机存储卡

❸ 在打开的磁盘中通过双击鼠标的方法依次打开存放照片的文件夹,如图14-24所示。

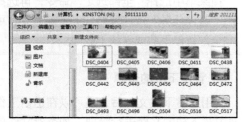

图14-24 打开存放照片的文件夹

❹ 用鼠标拖动框选需要保存到电脑上的照片。选择【编辑】→【复制】命令或按【Ctrl+C】键执行复制操作,如图14-25所示。

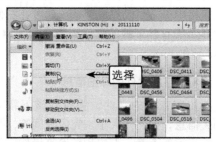

图14-25 复制相机中的照片文件

❺ 新建一个文件夹并双击打开，在其中选择【编辑】→【粘贴】命令即可将照片复制到电脑中，如图14-26所示。

图14-26 粘贴相机中的照片文件

❻ 照片复制完成后，关闭文件夹窗口。单击任务栏右下角的 图标，在打开的通知区域的 图标上单击，在弹出的快捷菜单中选择"弹出Mass Storage"命令，如图14-27所示。

图14-27 将相机存储卡从电脑中拔出

❼ 此时任务栏的通知区域将提示"安全地移除硬件"，表示已断开数码相机与电脑的连接，拔下数据线即可，如图14-28所示。

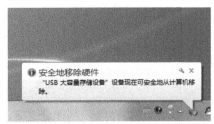

图14-28 拔下数据线

将数码摄像机中的视频导入到电脑

将数码摄像机中的视频导入到电脑的常用方法有两种：一种是通过复制视频文件，然后粘贴到电脑中；另一种是通过视频软件导入，然后保存到电脑中。下面以使用会声会影导入摄像机中的视频为例，其具体操作如下。

❶ 将摄像机与电脑连接，然后启动会声会影X3，在启动界面中单击"简易编辑"选项，打开"媒体整理器"界面，将鼠标移动到上方的 导入 按钮上，在弹出的面板中单击"摄像机-磁带"按钮 ，如图14-29所示。

图14-29 选择导入设备

❷ 打开"从摄像机中导入-磁带"窗口，将鼠标移动到 设置 按钮上，在弹出的面板中设置视频捕获参数，如图14-30所示。

图14-30 设置导入选项

❸ 单击"自动"选项卡，然后单击 按钮，会声会影开始对摄像机进行扫描，并在窗口中列出视频，如图14-31所示。

图14-31 扫描场景

❹ 在列表中选中需要导入到电脑的视频，单击 开始捕获 > 按钮，如图14-32所示。

图14-32 选择要导入的视频

❺ 此时开始导入视频，完成后将打开提示对话框提示文件已成功导入，单击 确定 按钮即可，如图14-33所示。

图14-33 导入视频

❻ 返回简易编辑模式主界面，即可看到导入的视频文件，如图14-34所示。

图14-34 查看导入的视频

2. 使用ACDSee查看电脑中的照片

使用ACDSee可以方便地浏览电脑中的照片，安装ACDSee相片管理器 15后便可打开其幻灯片浏览窗口进行单张切换浏览，也可以在其主界面中选择照片路径后进行浏览。

❶ 单击■按钮，选择【所有程序】→【ACD Systems】→【ACDSee 15】命令，启动ACDSee 15，启动ACDSee相片管理器 15后将显示默认目录下的图片，如图14-35所示。

图14-35 进入ACDSee相片管理器 15主界面

❷ 在"文件夹"窗格中单击默认展开的

"mou"文件夹前的□按钮折叠该文件夹，然后单击"计算机"文件夹前的□按钮，将其展开。

❸ 依次在"文件夹"窗格单击展开"新加卷(E:)"文件夹，再单击选中要浏览的"薰衣草记"文件夹。在软件窗口中间的显示列表中双击对象也可打开该文件夹，如图14-36所示。

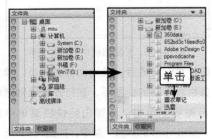

图14-36 展开照片所在文件夹

❹ 此时在文件显示列表中单击第二张照片的缩略图，将在左下角的预览窗格中显示效果。若将鼠标指针指向该照片缩略图将自动弹出其放大的预览图像，如图14-37所示。

图14-37 在主界面中浏览图像

> 提示：单击文件显示列表上方的"过滤""组""排序""查看""选择"，可以在弹出的下拉菜单中选择自己所需的显示方式。

❺ 在主界面的文件显示列表中双击第二张照片缩略图，切换到以幻灯片浏览窗口，如图14-38所示。

图14-38　打开幻灯片浏览窗口进行浏览

❻ 在幻灯片浏览窗口工具栏中单击 按钮可以放大10倍显示照片，右键单击 按钮可以缩小到原图的1/10显示照片。

❼ 放大后单击 按钮，然后在照片上拖动鼠标，可以移动查看未显示区域，如图14-39所示。

图14-39　调整照片的显示大小

❽ 在"胶片"栏中单击 下一个 按钮或按【Page Down】键可以显示下一张照片，图14-40所示为单击一次 下一个 按钮后显示的照片。

图14-40　浏览下一张照片

❾ 单击 上一个 按钮或按【Page Up】键可以返回

上一张照片，选择需调整方向的照片，单击工具栏中的向右旋转 按钮旋转照片，如图14-41所示。

图14-41　旋转照片方向

❿ 单击工具栏中的 按钮或按【Enter】键，返回到ACDSee主界面窗口中。

3．使用光影魔术手处理照片

使用光影魔术手可以将一张普通的照片制作成艺术照。

❶ 获取光影魔术手的安装程序，并将其安装到计算机中。单击 按钮，选择【所有程序】→【光影魔术手】→【启动光影魔术手】命令，启动该软件并进入其主界面，如图14-42所示。

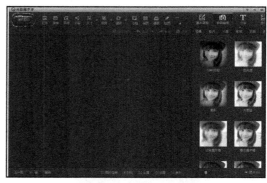

图14-42　光影魔术手主界面

❷ 单击工具栏中的 按钮，打开"打开"对话框，在"查找范围"下拉列表框中选择"素材文件"文件夹，选择图片"水乡.jpg"，单击 打开(O) 按钮。

❸ 此时光影魔术手主界面中将显示该图片，如图14-43所示，分别单击 上一素 按钮和 下一素 按钮，

可浏览"素材文件"文件夹中的所有图片。

图14-43 选择需处理的图片

❹ 如果要调整图像的尺寸，可单击工具栏中的 按钮。打开"调整尺寸"面板，分别在"宽度"和"高度"文本框中输入所需数据，单击 按钮，或单击 按钮，在弹出的下拉列表中选择预设的尺寸，如图14-44所示，即可查看缩放效果。

图14-44 调整图像尺寸

❺ 在右侧面板中单击"色阶"选项，或直接按【Ctrl+K】键，展开"色阶"面板。在"通道"下拉列表框中选择需要调整的选项，然后将鼠标指针定位到面板下方的 图标上，按住鼠标左键不放并进行拖动，即可调整图像色阶，如图14-44所示。

图14-45 调整色阶

❻ 当完成对某张图片的基本处理后，需单击工具栏中的"保存"按钮 ，将当前效果保存到原文件中后，才能继续查看下一张图片。如果不想更改原图片文件，则需单击"另存"按钮 ，在打开的"另存为"对话框中选择图片文件的保存

位置。

❼ 在工具栏中单击"旋转"按钮 ，打开"旋转"面板，在其中可选择所需的旋转方式，并在下方的预览区中查看旋转后的效果。这里单击 按钮，在打开的下拉列表中选择"左右镜像"选项，效果如图14-46所示。

图14-46 旋转图像

❽ 如果要裁剪该图片，则单击工具栏中的"裁剪"按钮 ，打开"裁剪"面板，此时图像中将出现裁剪控制框，可通过拖动鼠标调整，也可通过设置"裁剪"面板中的参数来调整，如图14-47所示，确认裁剪效果后依次单击 按钮即可。

图14-47 裁剪图像

⑨ 在工具栏右侧单击 图 按钮，打开"数码暗房"选项，在其中的"胶片"选项卡中单击"反转负冲"选项，在打开的"反转负冲"面板中可设置相应参数。这里保持默认，如图14-48所示。单击 确定 按钮即可应用设置。

图14-48 添加效果

⑩ 在工具栏中单击"边框"按钮 图，在打开的下拉列表中选择"花样边框"选项，在右侧的"推荐素材"选项卡中选择一种边框。

⑪ 此时光影魔术手将自动下载并应用该边框样式，如图14-49所示，单击 确定 按钮即可。

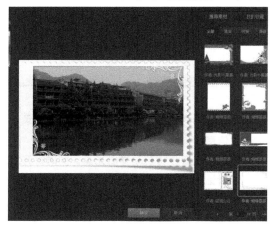

图14-49 添加边框

> 提示：使用光影魔术手还可以为图片添加文字或水印，操作方法与添加边框相似，这里不再赘述。

14.1.4 使用Nero光盘刻录软件

Nero软件是一款比较好的刻录软件，安装好Nero软件后就可以进行刻录操作了。

① 双击桌面上"Nero StartSmart 10"图标 图，启动刻录软件Nero，如图14-50所示。

图14-50 启动刻录软件

② 将刻录光盘放入光驱中，在打开的Nero操作界面中单击左侧的"数据刻录"按钮 图，如图14-51所示。

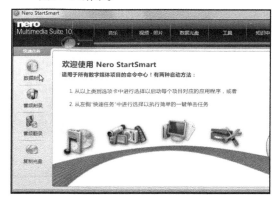

图14-51 单击"数据刻录"按钮

③ 在打开界面的"光盘名称"文本框中输入光盘名称，如输入"样品图片"，如图14-52所示。

图14-52 输入光盘名称

④ 在右侧界面中单击 添加 按钮，如图

14-53所示。

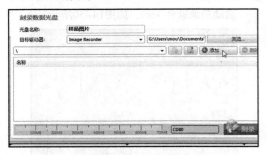

图14-53　准备添加文件

❺ 在打开的"添加文件和文件夹"对话框中选择文件所在位置，然后在中间列表框中选择文件，单击 添加 按钮，如图14-54所示。

图14-54　选择要刻录的文件

❻ 添加后"添加文件和文件夹"对话框并未关闭，可继续单击 添加 按钮添加，完成后单击 关闭 按钮，如图14-55所示。

图14-55　继续添加要刻录的文件

❼ 在返回的刻录界面的列表框中可以查看到添加的所有要刻录的文件，如图14-56所示。

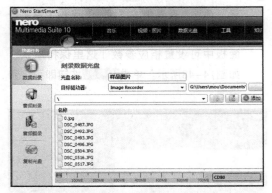

图14-56　显示要刻录的文件

❽ 确认要刻录的文件无误后，单击界面右下角的 刻录 按钮，开始刻录，如图14-57所示。

图14-57　开始刻录

❾ Nero开始将数据写入光盘，同时显示刻录进度信息。

❿ 刻录完成后，将自动弹出光盘，同时打开提示对话框，单击 确定 按钮，继续刻录或关闭刻录窗口，如图14-58所示。

图14-58　完成刻录

14.2 上机实战

熟练使用现代化办公的各种辅助软件是文秘工作者必须掌握的技巧，通过这些常用软件，可以方便快捷地处理工作中的各种事务。本课上机实战将练习使用压缩软件加密压缩公司资料，熟悉压缩软件的使用方法，然后导入并处理拍摄的图片，练习图片处理软件的使用方法。

上机目标：

◎ **熟练掌握使用压缩软件压缩和解压缩文件。**

◎ **熟练掌握使用复制粘贴的方法将图片导入到电脑中。**

◎ **熟练掌握使用光影魔术手编辑图片。**

建议上机学时：1学时。

14.2.1 加密压缩文件

1. 操作要求

通过使用WinRAR压缩软件将公司资料文件夹进行压缩，并在压缩过程中对其进行加密处理，以防止他人查看。

◎ 快速打开压缩文件界面。

◎ 设置文件解压缩密码。

◎ 完成文件压缩。

2. 操作思路

本例涉及WinRAR压缩软件的使用方法。具体的思路如图14-59所示。

（a）设置文件名称和参数

（b）设置密码

图14-59 加密压缩"公司资料"文件夹

（c）压缩文件夹

图14-59 加密压缩"公司资料"文件夹（续）

❶ 在"公司资料"文件夹上单击鼠标右键，在弹出的快捷菜单中选择"添加到压缩文件"命令。

❷ 打开"压缩文件名和参数"对话框，在其中设置文件名称和格式等。

❸ 在"高级"选项卡中单击 设置密码(P)... 按钮，在打开的对话框中设置密码。

❹ 依次单击 确定 按钮即可。

14.2.2 导入并处理拍摄的图片

1. 操作要求

技术部开发了新产品，需要对新产品进行推广，因此拍摄了相关的产品图片。现在需要将其导入到电脑中，并进行简单的处理。

◎ 将数码相机中的图片导入到电脑中。

◎ 使用光影魔术手对图片进行处理。

◎ 处理完成后将图片另存。

2. 操作思路

根据操作要求，本例的操作思路如图14-60所示。

（b）编辑照片

图14-60　导入并处理产品图片（续）

（a）导入照片

图14-60　导入并处理产品图片

❶　通过USB接口将相机与电脑连接，然后打开其中的照片将其复制到电脑中。

❷　启动光影魔术手，打开照片，然后在其中进行相应的编辑。

❸　完成后将其另存到相关位置即可。

14.3　常见疑难解析

问： 使用光影魔术手软件时，可以将人物照片进行美化吗？

答： 光影魔术手图片处理软件中有专业的人物照片美化功能。打开照片后，在"数码暗房"选项中的"人像"选项卡中选择预设的美容效果，在展开的面板中设置相关的参数即可。

问： 还有哪些其他图像处理软件，它们有什么特点？

答： 除了前面讲解的光影魔术手之外，还有美图秀秀、Photoshop等图像处理软件。其中美图秀秀与光影魔术手相似，可以对图像进行简单的处理。

14.4　课后练习

启动光影魔术手软件，打开任意图片，对图片进行设置。

◎　裁剪图片，使图片中的主体位于图片正中位置。

◎　为图片进行数码补光，设置"范围选择"为"110"，补光亮度为"50"。

◎　在"基本调整"选项卡中设置照片色阶。

◎　在"数码暗房"选项卡的"个性效果"栏中设置图片效果为"柔光镜"，设置"柔光程度"为"30"，设置"高光柔光"为"50"。

◎　在"边框"下拉列表的"边框合成"栏中应用"轻松边框"样式，在打开的对话框中选择第二种边框样式，并应用到图片中。

◎　将图片另存到电脑中。

第15课
常用办公设备

学生：老师，在文秘办公中常用的办公设备有哪些，我需要掌握些什么操作？

老师：在文秘办公中，常用的办公设备有打印机、扫描仪、传真机、复印机、投影仪等。要做一名出色的文秘工作者，必须了解这些常用的外部设备，并懂得如何操作，从而完成日常的工作需求。

学生：哦，这么多呀，可是我现在对这些都不了解。

老师：别着急，接下来就介绍关于打印机在内的多种常用办公外部设备的使用方法。

学生：我一定好好学习！

学习目标

▶ **掌握打印机的使用方法**

▶ **掌握扫描仪的使用方法**

▶ **掌握传真机和复印机的使用方法**

▶ **掌握投影仪的使用方法**

15.1 课堂讲解

实现现代化的文秘办公，必须借助一些硬件的帮助。本课堂主要讲述几种最常见的辅助现代化文秘办公的硬件的使用方法，包括打印机、扫描仪、传真机、复印机、投影仪的操作等。通过本课的讲解以及案例的实践，可以快速掌握相关操作，处理各种办公中常见的问题。

15.1.1 使用打印机

打印机是电脑最为重要的办公外设之一，它可以将Word文档、Excel表格或PowerPoint幻灯片等各种类型的文件打印到纸张上。

1. 认识打印机

办公中常用的打印机按工作方式和原理可分为3种：针式打印机、喷墨打印机和激光打印机。

针式打印机

用打印针和色带以机械冲击的方式在纸张上印字的打印机称为针式打印机，它是一种典型的击打式打印机，包括印字机构、横移机构、走纸机构和色带机构4部分，如图15-1所示。

喷墨打印机

喷墨打印机是一种经济型非击打式的高品质打印机，是一款性价比较高的彩色图像输出设备，因其强大的彩色功能和较低的价格，在现代办公领域颇受青睐。

喷墨打印机是一种将墨水喷到纸张上形成点阵图像的打印机，主要由喷头和墨盒、清洁单元、小车单元和送纸单元4部分组成，其外观如图15-2所示。

图15-1 针式打印机   图15-2 喷墨打印机

激光打印机

激光打印机是现代高新技术的结晶，其打印速度和打印质量是3种打印机中最好的，已成为现代办公中不可缺少的办公设备。图15-3所示为激光打印机的外观图。

图15-3 激光打印机

2. 安装打印机

购买打印机后，需先将其与计算机主机相连接，然后安装相应的打印器驱动程序，最后对打印机进行设置。下面以安装HP LaserJet P2015 PCL6打印机的驱动程序为例进行介绍。

❶ 单击 按钮，在打开的"所有程序"菜单中选择"设备和打印机"命令，打开"设备和打印机"窗口，单击 添加打印机 按钮，如图15-4所示。

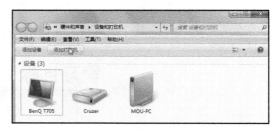

图15-4 打开添加打印机向导

❷ 在打开的对话框中选择"添加网络、无线或Bluetooth打印机"选项，如图15-5所示。

图15-5 选择网络打印机

❸ 在打开的对话框中选择搜索到的打印机，然后单击 下一步(N) 按钮，如图15-6所示。

图15-6 搜索打印机

❹ 此时将打开"Windows 打印机安装"对话框，在其中显示了打印机安装的进度，如图15-7所示。

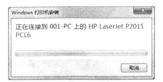

图15-7 安装打印机

❺ 稍等片刻后即可完成打印机安装，在打开的对话框中单击 下一步(N) 按钮。

❻ 在打开的对话框中单击 打印测试页(P) 按钮，此时即可打印测试页面，查看打印机效果，如图15-8所示。

图15-8 打印测试页

❼ 单击 完成(F) 按钮完成打印机的添加，返回"设备和打印机"窗口即可看到添加的打印

机设备，如图15-9所示。

图15-9 查看安装的打印机

3. 维护打印机

打印机的日常维护包括更换打印耗材、清洁打印机、清除卡纸等多个方面。下面以激光打印机为例，简单介绍维护打印机的方法。

❶ 打开前盖，取出硒鼓单元和墨粉盒组件，按下蓝色锁杆并将墨粉盒从硒鼓单元中取出，如图15-10所示。

图15-10 取出硒鼓单元和墨粉盒组件

❷ 左手拿起硒鼓，右手用斜口钳把鼓芯有齿轮一头的定位销拔出，如图15-11所示。

图15-11 拔出定位销

❸ 抓住鼓芯的塑料齿轮拔出鼓芯，用一字螺丝刀向上挑出充电辊的一头，将其抽出，再用斜口钳把顶出来的铁销拔出，如图15-12所示。

图15-12 取出充电辊

❹ 用十字螺丝刀拧开硒鼓另一头的螺丝，并把

显影仓和废粉仓分开，如图15-13所示。

图15-13 拔出鼓芯

❺ 取出显影仓上的磁辊，用一张废纸叠成槽口形状，便于向粉仓中加粉，如图15-14所示。

图15-14 进行加粉

❻ 加完碳粉后，安装磁辊并合上齿轮盖，注意齿轮不要丢失或者装反，如图15-15所示。

图15-15 安装磁辊

❼ 合上清洁过的废粉仓和加好碳粉后的显影仓，然后将各元件重新组装即可完成加粉。

❽ 关闭打印机并拔下电源插头，将纸盒从打印机中拉出，然后用干燥的无绒抹布擦拭打印机外部、纸盒内部等位置以清除污垢，完成后将纸盒重新装回打印机内部。

❾ 按下前盖释放按钮打开前盖，用干燥的无绒抹布擦拭激光器窗口，完成后将硒鼓单元和墨粉盒组件重新装入打印机，合上前盖，如图15-16所示。

图15-16 清洁激光器窗口

15.1.2 使用扫描仪

扫描仪是除键盘和鼠标以外被广泛应用于计算机的输入设备，下面简单介绍相关知识。

1. 认识扫描仪

扫描仪是一种捕获图像并将其转换为电脑可以显示、编辑、储存和输出的数字化输入设备。

扫描仪的种类很多，根据工作原理的不同可分为两种：滚筒式扫描仪，如图15-17所示；平板式扫描仪，如图15-18所示。

图15-17 滚筒式扫描仪

图15-18 平板式扫描仪

2. 安装扫描仪

使用扫描仪前，必须安装扫描仪硬件和驱动程序等。

❶ 将扫描仪信号电缆线一端与其背部的"Port A"标志端口连接，另外一端与电脑主机背面中对应的端口连接，如图15-19所示。

图15-19 连接扫描仪与计算机

❷ 将电源线接好，如图15-20所示。如果接通电源，扫描仪会进行自测。测试成功后，LCD指示灯亮，表示扫描仪已经准备就绪。

图15-20 电源连接

❸ 将随机附带光盘插入光盘驱动器，找到安装文件，双击其图标，系统即可开始安装必要的驱动文件。

❹ 当系统检测到连接到电脑上的扫描仪硬件后，将打开"添加硬件向导"对话框，在其中按照默认步骤进行操作，即可完成安装。

3. 使用扫描仪

扫描仪驱动安装好后就可以使用它进行扫描了，下面以扫描一张图片为例进行介绍。

❶ 将要扫描内容的一面朝下放入扫描仪中，单击 按钮，在打开的菜单中选择【所有程序】→【Canon Utilities】→【Solution Menu】→【Solution Menu】命令，启动扫描程序。

❷ 在打开的窗口中选择"扫描/导入照片或文档"选项，如图15-21所示。

图15-21 选择启动选项

❸ 在打开的对话框中单击"扫描/导入"按钮，打开"扫描/导入"窗口，如图15-22所示。

图15-22 选择扫描选项

❹ 在该窗口中的"文档类型"下拉列表框中选

择"彩色照片"选项，单击 扫描 按钮，程序将自动开始扫描，如图15-23所示。

图15-23 设置扫描选项

❺ 扫描完成后，将打开提示对话框，单击 退出(X) 按钮，在返回的对话框中单击 保存 按钮，如图15-24所示。

图15-24 保存扫描结果

❻ 在打开的"保存"对话框中选择保存位置，输入文件名称和选择保存类型，单击 保存(S) 按钮，打开"保存完成"对话框，单击 打开保存位置(O) 按钮即可，如图15-25所示。

图15-25 设置保存参数并完成扫描

4. 维护扫描仪

使用扫描仪时还应注意以下几点事项。

◎ 应避免震动和碰撞扫描仪，在室内搬运时应小心平稳，需要长距离搬运时，必须先复位固定螺栓。

◎ 避免将物件放在扫描板玻璃和外盖上。

◎ 扫描时，如原稿不平整，可轻压上盖，注意不可过于用力。

◎ 应保持扫描仪的清洁，扫描仪板上如有污垢，可用软布蘸少量酒精擦拭。

◎ 不要拆开扫描仪或给一些部件加润滑油。

15.1.3 使用传真机

传真机以传送信息快、接收副本质量好、准确性高和保密性强的特点受到广大办公用户的青睐，成为众多公司传递信息的主要工具之一。

1. 认识传真机

作为一名文秘工作者，在日常的工作中使用传真机的频率很高，因此，了解传真机很有必要。传真机的外观与结构各不相同，但一般都包括操作面板、显示屏、话筒、入纸口和出纸口等部分。

2. 使用传真机发送文件

下面讲解使用传真机发送文件的方法。

❶ 在发送传真前，首先要正确连接电话线，如图15-26所示。

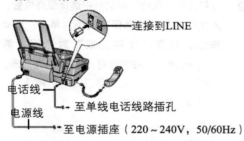

图15-26　连接传真机

❷ 当传真机与电脑一起使用时，网络提供商可能会要求安装滤波器，按照如图15-27所示进行安装。

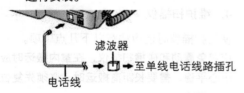

图15-27　连接滤波器

❸ 将发送的文件正面朝下放入纸张入口中。

❹ 拨打接收方的传真号码，要求对方传输一个信号，当听到从接收方传真机传来的传输信号（一般是"嘟"声）时，在"操作面板"中按下"开始"键，如图15-28所示。

图15-28　拨号要求传输信号

❺ 听到传真机响起时拿起话筒，对方要求发送一个信号，按"开始"键发送信号，对方发送传真数据后，传真机将自动接收传真文件。

3. 接收传真

用户可按"功能"键设置传真机的接收方式，共有4种接收方式。

◎ "电话优先"方式：电话铃响起时，拿起话筒，传真机发现收到的是传真而不是电话时，会给出"请放下电话开始接收"或"开始接收"等语音提示，系统自动开始接收传真。若电话无人接听，传真机将自动转为接收传真方式开始接收传真。

◎ "传真优先"方式：当对方选用自动发送传真时，电话铃响3声后传真机就会自动接收传真；当对方选用手动发送传真时，电话铃第二次响3声后传真机自动接收传真。

◎ "传真专用"方式：电话铃响一声后传真机开始自动接收传真。此方式在接收传真时还可向外拨打电话，但不能接听电话，也不能使用电话录音功能。可用此方式设置只接收电话簿上登录的用户发来的传真，防止垃圾传真；还可为此方式设置指定时间段响铃或不响铃接收。

◎ "传真录音"方式：电话铃响两声后电话接通，开始播放录音留言，录音留言播放完毕后自动切换为传真接收方式或电话录音方式。

4. 维护传真机

为了延长传真机的使用寿命，保证传真质量，有效地发挥传真机的作用，要做好传真机的保养和维护工作。下面重点介绍传真机的使用注意事项。

◎ **注意使用环境**：传真机应放在室内的平台

上，与其他物品保持一定的空间距离，可利于通风并避免造成干扰；避免受到阳光直射和热辐射；勿将机器置于潮湿、灰尘多的环境；不要把传真机安装在有震动和不稳固的地方以及冷、暖机附近；尽量不与空调、打字机等易产生噪声的机器共用一个电源；在遇到闪电、雷雨等天气时，应立即停止使用传真机，并且拔掉电源和电话线，以免雷击造成损坏。

◎ **注意开机频率**：每次开关机都会使机内的电子元器件发生冷热变化，频繁地冷热变化容易导致机内元器件提前老化，每次开机的冲击电流也会缩短传真机的使用寿命。但不能长时间不开机，每半年应开机4小时以上，以免传真机电池的电压低于正常值。

◎ **尽量使用标准传真纸**：应参照说明书使用推荐的传真纸。劣质传真纸光洁度不够，会对感热记录头和输纸辊造成磨损；记录纸上的化学染料配方不合理，会使打印质量不佳。

15.1.4 使用复印机

复印机是一种将已有文件快捷产生多个备份的办公设备，如今的复印技术主要有传统的静电复印和数码复印两种。复印机中使用最广泛的是静电复印机。

1. 复印机工作原理

静电复印技术是将纸或其他媒介上的内容转印到另外一个媒介上，如图15-29所示。

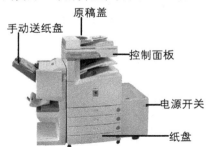

图15-29 静电复印机组成部分

2. 使用复印机复印文件

使用复印机可方便快捷地复制出多份文件。下面以静电复印机为例，介绍使用复印机的方法。

❶ 将复印机电源线连接好，然后开机进行预热。当操作面板上的指示灯由红色变为绿色时，预热完成。

❷ 在复印机纸盒中装入纸张，然后打开盖板，将要复印的文件放在原稿台上，注意对准定位标志，如图15-30所示。

原稿长度刻度

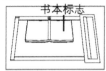

图15-30 放置原稿

❸ 盖上盖板，注意防止漏光。根据复印品的大小，在控制面板上选择复印倍率和复印纸尺寸。

❹ 在数字键盘上按下数字按键设置复印数量，并按"纸匣选择"键，选择从旁边的纸盒进纸。

❺ 最后按"开始"按键，即可开始复印。

3. 维护复印机

复印机经过一段时间的使用后，难免会出现故障。为避免故障，应定时对其进行清洁。若复印品出现质量问题，一般是由于复印机受到污染，此时可采用以下几种方法对复印机的光学系统进行清洁。

◎ 用橡皮气球把光学元件（透镜和反射镜）表面的灰尘及墨粉吹去，也可用软毛刷（最好使用专用的镜头毛刷）轻轻将嵌在缝隙中的灰尘刷去。

◎ 用光学脱脂棉或镜头纸，轻轻擦拭光学元件表面。如果表面较脏则不能使用该方法，因为如有较大的硬颗粒灰尘留在光学元件表面，擦拭时反而会损伤元件，此时必须使用橡皮气球将灰尘完全拂去后才能擦拭。

◎ 光学元件表面如果有油污和手指印等污迹，

可用光学脱脂棉蘸少量清洁液擦洗。

15.1.5 使用一体化速印机

一体化速印机是一种新型的现代化办公设备，集制版、印刷于一体，通过数字扫描、热敏制版成像的方式进行工作，从而实现高清晰的印刷质量，印刷速度可达每分钟100张以上。同时它还具有对原稿缩放印刷、拼接印刷、自动分纸控制等多种功能，绝大多数的机型还支持计算机打印直接输出的功能，如图15-31所示。

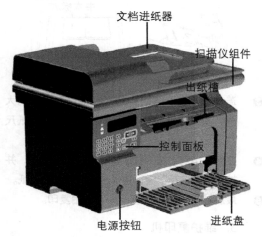

图15-31　一体化速印机结构示意图

1. 一体化速印机的操作方法

使用一体化速印机的方法与使用打印机和复印机的方法大致相同，下面进行简单介绍。

❶ 装入纸张，打开原稿盖板，将扫描复印的资料（多张）充分展开，以正面朝上、顶端先进入的方式放入自动进稿器中，如图15-32所示。

图15-32　将原稿放入自动进稿器

❷ 在控制面板上选择"复印"模式，按下"开始"按键。此时进纸口自动按从上到下的顺序单张进纸，并依次复制资料中的每一页。

❸ 打开原稿盖板，将原稿放在平板扫描器上，注意对准左侧与顶端的基准。

❹ 放下原稿盖板，选择"扫描"模式，然后按下"开始"按键扫描文件。

2. 一体化速印机的维护和保养

在使用一体机的过程中应定期进行清洁，以保证其正常工作。

❶ 关闭设备电源，用柔软的无绒干布擦去设备外部的灰尘。

❷ 取出纸盒，用无绒干布擦拭纸盒内外部的灰尘，擦拭设备内部的搓纸辊；抬起原稿盖板，用柔软的无绒湿布清洁白色塑料表面和其下方的平板扫描器玻璃。

❸ 在自动进稿器单元中，用柔软的无绒湿布清洁白色塑料条和其下方的平板扫描器玻璃条，如图15-33所示。

图15-33　清洁自动进稿器单元

❹ 打开设备前盖等待其冷却，然后取出硒鼓单元和墨粉组件。

❺ 转动硒鼓单元的齿轮查看感光鼓，找到污迹时，用干棉签将其擦除，如图15-34所示。

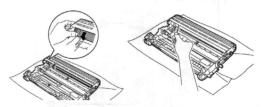

图15-34　清洁感光鼓

15.1.6　使用投影仪

投影仪采用先进的数码图像处理技术，将各种信号转换成高分辨率的图像投在屏幕上。它具有高分辨率、高清晰度和高亮度等特点，被广泛应用于教学、移动办公、讲座演示和商务活动中。投影仪一般可分为两种，便携式投影仪和吊装式投影仪，如图15-35所示。

图15-35　投影仪

1．连接投影仪

将投影仪连接到电脑上，即可放映计算机中的视频文件。

❶ 关闭设备，将随机的HD D副15芯电缆两端分别连接在投影仪与电脑对应的端口上。

❷ 将A/V连接适配器的输入端连接到投影仪上，在输出端连接音频电缆的输入端，然后将音频电缆的输出端连接到电脑对应的端口上，具体操作如图15-36所示。

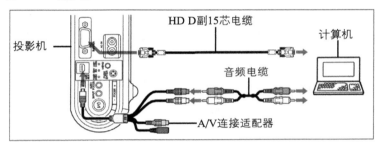

图15-36　投影仪连接到电脑

2．使用投影仪

投影仪安装完成后即可开始使用。

❶ 连接设备，当指示灯亮起时，按下开机键。

❷ 使投影仪与投影屏幕垂直，同时按投影仪上的调节按键，调整投影仪高度。

❸ 根据电脑类型的不同，可能需要按下某个功能键来切换电脑的输出。

❹ 按操作面板上的"Wide"按键，放大投影尺寸，按"Tele"按键减小投影尺寸。

❺ 当图像不太清晰时，可在操作界面上按下相应按键调整焦距。

3．投影仪的维护和保养

投影仪在使用时应注意以下几点。

◎ 未使用的投影仪，应盖上反射镜，遮住放映镜头；短期不使用的投影仪还应加盖防尘罩；长期不使用的投影仪应放入专用箱内。

◎ 切勿用手触摸放映镜和正面反射镜。用镜头纸和脱脂棉擦拭，螺纹透镜集垢多时，只能拆下用清水冲洗，不得用酒精等有机溶剂。

◎ 投影仪工作时，要保证散热窗口通风流畅，散热风扇不转时投影仪绝对不能使用。

◎ 当投影仪开始工作时，应尽可能减少搬运，勿剧烈震动。

15.2　上机实战

熟练使用辅助现代化办公的各种软硬件不仅可以提高企业的运营效率，也是目前许多企业招聘员工时越来越重视的一项技能。本课上机实战将练习使用扫描仪和打印机打印合同，使用投影仪演示新品发布，再一次巩固相关知识的具体操作。

上机目标：

◎ 熟练掌握使用扫描仪扫描文件的操作方法。

◎ 熟练掌握使用打印机打印文件的方法。

◎ 熟练掌握使用投影仪放映文件的方法。

建议上机学时：1学时。

15.2.1 扫描并打印业务合同

1. 操作要求

起草一份合同初稿，并将其扫描，以图片形式传送给对方，再经双方协商洽谈，修改确定合同条款，最后将合同终稿打印出来，便于正式签订合同。具体操作要求如下。

◎ 使用多功能一体机扫描电子合同文件。

◎ 以图片的形式传真给合作公司。

◎ 将确定后的合同打印存档。

2. 操作思路

本例涉及扫描合同和打印合同两部分，为了方便操作，这里直接使用多功能一体机完成扫描和打印两方面的工作。

 演示\第15课\打印并扫描业务合同.swf

❶ 打开多功能一体机的电源，将U盘插在多功能一体机的USB接口上，打开盖板，将合同的第一页放在原稿台上（左下角对齐）。

❷ 放下盖板，在控制面板上选择"扫描"模式，然后按"开始"按键，扫描合同的第一页。

❸ 打开盖板，取出第一页合同，放入第二页。放下盖板，执行相同的操作扫描合同的第二页。利用相同的方法，扫描合同的其他内容，完成后取出合同的最后一页，拔下U盘。

❹ 将U盘插在电脑的USB接口上，将所有图片压缩为一个压缩文件，打开邮箱，以附件的形式上传到邮件中，并将邮件发送给对方。

❺ 检查电脑是否与打印机相连接，检查电脑是否安装了打印机的驱动程序。

❻ 打开编写合同的Word文档，选择【文件】→【打印】命令，打开"打印"对话框。

❼ 在"设置"栏"打印范围"下拉列表框选择

"打印所有页"选项，在"打印"栏的"份数"数值框中输入"2"，单击 确定 按钮打印两份合同。

15.2.2 使用投影仪放映

1. 操作要求

公司企划部针对产品的特点和市场需求制作了"新品推广"演示文稿，准备在新品推广会议中向公司相关人员做介绍陈述。本次会议参加的人数较多，为达到更好的演示效果，在会议开始前，需调试投影仪设备。

2. 操作思路

应先将演示电脑与投影仪设备连接起来，启动投影仪和电脑后调试投影效果，达到标准后即可召开会议，并播放"新品推广"演示文稿。会议结束后，再依次关闭电脑和投影仪，并切断电源。

 演示\第15课\使用投影仪放映.swf

❶ 利用遥控器打开投影仪电源，将投影仪的连接外挂USB设备接口的联线，插入笔记本电脑的USB接口上。

❷ 启动笔记本电脑，投影屏幕上将同步显示笔记本电脑中的画面，利用遥控器调试效果。

❸ 打开"新品推广"演示文稿，单击"幻灯片放映"按钮🖵，观看该演示文稿，放映完成后退出放映。

❹ 关闭电脑，按下投影仪的"Power"键，在投影屏幕上打开一个提示窗口，提示是否关闭电源。

❺ 再次按"Power"键，"Power"指示灯开始闪烁，稍后变为橙色，投影仪发出两次"嘟"声，投影仪开始冷却，20秒后，从插座上拔掉投影仪的电源线，装上镜头盖。

15.3 常见疑难解析

问：打印机连接在其他电脑上，这种情况还可以使用打印机吗？

答： 如果打印机连接在局域网的其他电脑上，则需安装网络打印机。找到连接打印机的电脑，查看其IP地址并记录下来。单击 按钮，在打开的所有程序菜单中选择"运行"命令。打开"运行"对话框，在下拉列表框中输入IP地址。按【Enter】键，在打开的窗口的工作区中将显示该电脑连接的打印机。在打印机上单击鼠标右键，在弹出的快捷菜单中选择"连接到打印机"命令，稍后即可将电脑与该打印机相连。使用这种方法前，需确认该打印机为共享打印机。

问：扫描仪还有没有其他使用方法，听说还可以通过软件进行扫描，是吗？

答： 扫描仪除了像书中介绍的通过向导的方式进行文件扫描外，还可通过软件进行扫描，如尚书七号软件、PS软件等。

15.4 课后练习

（1）取出打印机的硒鼓，利用维护打印机的方法取出墨盒并重新安装，清洁纸盒和激光器窗口。

（2）打印图片，设置传真的接收模式，并尝试将打印的图片以传真的形式发送。

（3）打开复印机，练习单面复印、双面复印和批量复印的操作。

（4）观察投影仪接口，打开投影仪将投影仪和电脑连接起来，放映"员工培训"演示文稿。

演示\第15课\使用打印机.swf、使用投影仪.swf

第16课
维护电脑安全

学生：老师，掌握了前面你讲的知识，是否就能很好地胜任文秘工作了？

老师：应该说基本能够处理日常工作中的问题了，但是还需要注意，电脑需要进行维护，才能保证电脑中的文件安全。

学生：维护电脑？需要做哪些工作呢？

老师：这就是下面要讲的电脑维护与安全问题了。学好如何维护电脑以及使电脑处于安全的环境下运行，不但可以使电脑在工作中处于最佳状态，还可以延长电脑的使用寿命。

学生：我一定掌握！

学习目标

▶ 掌握电脑日常维护的方法

▶ 掌握磁盘维护的方法

▶ 掌握查杀病毒和木马的方法

16.1 课堂讲解

现代化文秘办公对电脑及其外设的依赖越来越重要，因此电脑在安全、稳定和高速的环境下运行才能顺利完成各项文秘工作。然而随着Internet的不断发展，各种危害电脑的操作或对象，如病毒、木马等也有了展示的"舞台"，如何维护电脑以及保证电脑运行环境的安全便引起了用户的重视。本课堂主要讲述有关电脑日常维护、磁盘维护以及查杀病毒和木马等相关操作，通过各部分知识的学习和案例的实践，掌握电脑的维护与安全的相关知识。

16.1.1 电脑日常维护

电脑日常维护包括硬件维护、软件维护和操作系统维护等，通过对这几方面的维护可以最大限度地保证电脑正常、高效地运行。

1. 维护硬件

用户的一些不正常操作可能会导致硬件出现故障，下面介绍一些使用电脑的经验供大家参考。

◎ 在电脑运行过程中，连接电脑的各种设备和主机之间的信号线不要随便装卸，也不要插拔各种接口卡。如果需进行上述操作，必须在关机且断开电源的情况下进行。

◎ 不要频繁地开关电脑。关机后立即通电会使电源装置产生突发的大冲击电流，可能会造成电源装置中的器件被损坏。建议在关闭电脑后等待10秒以上再重新启动电脑。

◎ 在电脑运行过程中，会产生一定的静电场、磁场，加上电源和CPU风扇运转产生的吸力，会将悬浮在空气中的灰尘颗粒吸进机箱并停留在主板、显卡和内存条等器件上。因此应定期打开机箱，用干净的软布、不易脱毛的小毛刷、吹气球等工具打扫机箱内部的灰尘。

◎ 人或多或少会带有一些静电，若不加注意，很有可能导致电脑硬件的损坏。在插拔各种接口卡，如声卡、显卡等硬件时，在接触这些部件之前，应该首先使身体与接地的金属或其他导电物体接触，或用水冲洗，以释放身体上的静电，以免破坏电脑的部件。

◎ 显示器的显示屏切忌碰撞，既不能在屏幕上刻画，也不能用手指在上面指指点点。有条件可以在显示屏上粘贴一张保护膜。若显示屏上粘上了一些不干净的东西，可以先试着用干布擦拭，如果不行，可以用柔软的棉布沾些工业酒精或玻璃清洁剂轻轻擦拭，最好使用专用的屏幕清洗液进行清洗。

◎ 电脑的各个组成部件做工都十分精细，因此在移动电脑的过程中需小心轻放，否则可能会造成硬件不能很好地接触，严重时还可能导致使主板等硬件上的微型电子元件断裂或掉落。

◎ 鼠标、键盘是使用率最高的输入设备，在敲击键盘时切忌用力过大，否则容易造成键位失灵。而对于鼠标来说，按键用力过大，也可能使鼠标功能紊乱，如单击变为双击等。

2. 维护软件

软件维护主要是指对安装在电脑上的各种专业软件和工具软件的维护，主要包括以下几点。

◎ 随着对电脑的使用，电脑上安装的软件越来越多，包括购买的光盘中的软件或从网上下载的免费或共享的软件等。因此在电脑中最好为这些软件的安装程序以及安装后的程序进行分别存放，以便管理。此外，最好不要将软件安装在系统盘中，因为那样会减少系统盘的剩余空间，影响系统运行速度。

◎ 软件开发公司会根据用户的反馈及时对软件进行更新，以便更好地在操作系统中稳定和高速地运行。因此用户应及时对软件进行更新或升级,以使软件始终处于最优状态。

◎ 应及时将电脑中不需要的软件删除,这样不仅可以释放磁盘空间,还便于管理电脑资源、提升电脑运行速度。

3. 维护操作系统

操作系统是软件运行的平台,它的稳定决定了电脑运行的稳定程度。对操作系统的维护主要包括以下几个方面。

◎ 任何操作系统都存在或多或少的漏洞,相应的开发公司为了提高操作系统的安全性,往往会及时在其网站上提供补丁,以方便用户下载并及时安装,使操作系统最大限度地处于稳定状态。

◎ 安装操作系统的磁盘中会有大量的文件,其中一些不起眼或容量很小的文件可能起着举足轻重的地位。因此,对操作系统不熟悉的用户切忌随意删除或更改其中的文件。

◎ 操作系统不仅对磁盘空间有一定的占用量,而且还需要一定的空闲磁盘空间以满足系统运行,因此电脑中的其他资源,如软件、图片、音频等文件,最好不要放在操作系统所在的磁盘中,尽量做到一个磁盘中仅存放操作系统的文件。

16.1.2 磁盘维护

在使用电脑的过程中,由于软件的卸载、安装,文件的复制、移动和删除等各种操作,导致电脑硬盘上将会产生很多磁盘碎片和大量的临时文件等,为了保证电脑的存储空间最大限度地被利用以及电脑正常运行,需定期对磁盘进行整理。

1. 磁盘文件清理

利用Windows自带的磁盘清理程序可将Internet缓存文件、临时文件、下载文件以及不需要的文件删除。

❶ 单击 按钮,在打开的菜单中选择【所有程序】→【附件】→【系统工具】→【磁盘清理】命令,打开"磁盘清理驱动器选择"对话框,在"驱动器"下拉列表框中选择需要清理的驱动器,单击 确定 按钮,如图16-1所示。

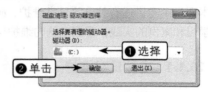

图16-1 选择驱动器名称

❷ 此时将在打开的提示框中提示系统正在计算能够释放的磁盘空间,如图16-2所示。

图16-2 计算释放空间

❸ 系统开始扫描所选磁盘,并打开相应的磁盘清理对话框,在"要删除的文件"列表框中选中要删除的文件类型对应的复选框,单击 确定 按钮,如图16-3所示。

图16-3 选择要删除的文件

❹ 打开提示对话框,单击 删除文件 按钮,如图16-4所示,系统便开始清理文件。

图16-4 选择要删除的文件

❺ 在打开的提示对话框中将显示进度,如图

16-5所示，完成后自动关闭该提示框。

图16-5　删除文件进度

2. 整理磁盘

电脑是由软件和硬件共同组成的，在日常工作中，各种硬件同样需要进行维护，以保证电脑的正常工作。

❶ 打开"本地磁盘(H:) 属性"对话框，单击"工具"选项卡，在"碎片整理"栏单击 [立即进行碎片整理(D)...] 按钮，如图16-6所示。

图16-6　选择工具

❷ 打开"磁盘碎片整理程序"窗口，在"当前状态"列表框中选择要整理的磁盘选项，然后单击 [分析磁盘(A)] 按钮，即可对该磁盘进行分析，完成后将在该选项后显示整理结果，如图16-7所示。

图16-7　分析磁盘

❸ 选择分析过的磁盘选项，单击 [磁盘碎片整理(D)] 按

钮即可整理磁盘碎片，如图16-8所示。

图16-8　整理磁盘

🕐 试一试

在磁盘属性对话框的"工具"选项卡中，在"备份"栏单击 [开始备份(B)...] 按钮，为磁盘文件进行备份。

16.1.3　查杀病毒与木马

随着网络技术日新月异的发展，电脑病毒和木马也日益猖獗，不仅破坏电脑的正常使用，还可能会给企业和个人造成损失。因此，查杀病毒与木马便成为维护电脑的重中之重。

1. 认识病毒与木马

病毒和木马都是电脑程序，它们被一些精通电脑的用户编写出来，它们会妨碍、破坏电脑运行。要查杀电脑病毒和木马，首先应了解它们各具有什么特点。

🖊 病毒

病毒具有以下特点。

◎ **传染性**：病毒可以通过 U 盘、网络等传染到其他电脑，并快速扩散，具有很强的传染性。

◎ **破坏性**：主要是对操作系统和硬盘进行损坏，轻则影响电脑运行速度，使其不能正常运行；重则使电脑处于瘫痪状态，给用户带来不可估量的损失。

◎ **潜伏性**：电脑感染病毒后可能不会立即发作，

过了一段的潜伏期并满足一定的条件后，它才会开始起作用，使用户无法提前感知它的存在。

◎ **复制性**：就像生物病毒一样，电脑病毒具体很强的复制能力，能附着在各种类型的文件上。当文件被复制或从一个客户端传送到另一个客户端时，它们就随同文件一起蔓延开来。

木马

木马具有隐蔽性和非授权性两大特点。

◎ **隐蔽性**：木马设计者会采用多种手段将木马隐藏起来不被发现，即使发现，也不能确定其具体位置，从而很难清除。

◎ **非授权性**：一旦客户端与服务器端连接后，客户端将享有服务器端的大部分操作权限，如修改文件、修改注册表和控制鼠标等，而这些权力并不是服务器端授予的，而是通过木马程序窃取的。

2. 使用杀毒软件查杀病毒

专业的杀毒软件可以保护电脑的安全，并时刻监视病毒的变化，因此被誉为电脑的安全"卫士"。目前常用的杀毒软件有瑞星、江民和金山毒霸等。下面以瑞星杀毒软件为例介绍这类软件的使用方法，以应付各种各样病毒的侵入。

快速查杀病毒

瑞星杀毒软件提供了快速扫描方式，针对主要系统对象中的引导区、系统内存、关键区和系统磁盘进行扫描，清查病毒威胁。

❶ 单击 按钮，选择【所有程序】→【瑞星杀毒软件】→【瑞星杀毒软件】命令，启动瑞星杀毒软件。

❷ 在主界面中单击"快速扫描"按钮，系统自动对电脑中主要系统对象进行快速查杀，如图16-9所示。

❸ 扫描结束后，在打开的页面中将显示扫描结果。

图16-9 快速查杀病毒

全盘查杀病毒

全盘查杀病毒是指对电脑中的所有磁盘进行一次扫描，查杀可能对电脑造成威胁的文件。

❶ 打开瑞星杀毒主界面，单击"全盘扫描"按钮，系统自动对全盘进行病毒查杀，如图16-10所示。

图16-10 全盘查杀病毒

❷ 杀毒软件对系统进行扫描时会先对系统对象进行检查，再分别对每个磁盘进行扫描，因此可能会花费大量时间。

❸ 扫描结束后，将自动处理电脑中存在的威胁，完成后打开如图16-11所示的界面。

图16-11 处理电脑威胁

扫描指定文件夹

瑞星杀毒软件的自定义查杀功能主要用于对某一个可能感染病毒的磁盘、文件夹或文件进行扫描杀毒。

❶ 启动瑞星杀毒软件，在主界面中单击"自定义查杀"按钮▇，打开"选择查杀目录"对话框。

❷ 选中要查杀的目标文件前的复选框，单击 开始扫描 按钮，如图16-12所示。

图16-12 选择查杀目标文件

❸ 软件自动打开自定义查杀界面，并在窗口中显示扫描进度和杀毒项目的内容。

❹ 扫描完成后自动打开扫描结果界面，单击 返回首页 按钮返回首页。

添加白名单文件

设置白名单文件则是指将选择的文件添加到杀毒软件信任状态，防止将其误删。

❶ 启动瑞星杀毒软件，在窗口主界面下方单击"白名单"超链接，打开"白名单"对话框。

❷ 单击 ➕ ▾ 按钮，在打开的下拉列表中选择"浏览文件夹"命令，打开"浏览文件或文件夹"对话框。

❸ 在对话框中选择信任的文件夹，单击 确定 按钮，如图16-13所示。

❹ 返回"白名单"对话框，此时选择的文件夹和进程都显示在对话框中，单击 × 按钮关闭对话框即可。

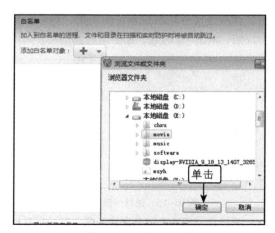

图16-13 添加白名单

试一试

使用瑞星杀毒软件，将腾讯QQ程序添加到白名单中。

3. 使用360安全卫士检查电脑

360安全卫士是一款功能强大且当前较流行的安全维护软件。它拥有查杀恶意软件、查杀木马、修复漏洞和电脑体检等多种功能。

进行电脑体检

对电脑进行体检的实质是对其进行全面的扫描，让用户了解电脑的当前使用状况。

❶ 单击 按钮，选择【所有程序】→【360安全中心】→【360安全卫士】→【360安全卫士】命令，启动360安全卫士。

❷ 在主界面单击 立即体检 按钮，如图16-14所示。

图16-14 360安全卫士主界面

❸ 系统自动对电脑进行扫描体检，窗口中显示

体检进度并动态显示检测结果，扫描完成后，单击 ▭▭ 按钮，如图16-15所示。

图16-15　进行一键修复

❹ 系统自动解决电脑存在的问题，完成后在打开的界面中可单击"重新体检"按钮，再次对电脑进行体检。

修复漏洞

系统漏洞是指应用软件或操作系统中的缺陷或错误，对电脑进行漏洞修复也是保护计算机的一种方法。

❶ 单击"漏洞修复"选项卡，系统自动扫描当前电脑是否存在漏洞。

❷ 单击 ▭▭ 按钮，如图16-16所示。程序将自动对漏洞进行修复，修复完成后将在界面中显示提示信息。

> 技巧：修复漏洞时，单击 后台修复 按钮，程序将转入后台修复，修复完成后将在通知区域提示完成修复。

图16-16　修复漏洞

清理系统垃圾

卸载程序时，残留的文件和浏览网页产生的垃圾文件会增加系统负担，此时可使用360安全卫士清理系统垃圾，其具体操作如下。

❶ 单击"电脑清理"选项卡，在窗口中选中所

有需要清理的项目前对应的复选框，然后单击 ▭▭ 按钮，如图16-17所示。

❷ 系统开始扫描电脑中存在的系统垃圾，扫描完成后自动清理选择的项目。

图16-17　清理系统垃圾

电脑优化与加速

电脑开机启动项过多，可能导致电脑开机和运行缓慢，使用360安全卫士的电脑优化加速功能可解决此问题。

❶ 单击"优化加速"选项卡，系统自动扫描电脑可以优化的项目。

❷ 扫描完成后，选中需要优化项目对应的复选框，然后单击 ▭▭ 按钮，系统自动进行优化，如图16-18所示。

图16-18　电脑优化与加速

4．案例——进行电脑体检并修复可能存在的威胁

本例将使用360安全卫士对电脑进行体检，完成后处理体检结果。通过本例的操作，掌握使用360安全卫士实时保护电脑的方法。

❶ 单击 ▭ 按钮，选择【所有程序】→【360安全中心】→【360安全卫士】→【360安全卫士】命令，启动360安全卫士。

❷ 在主界面中单击 ▭▭ 按钮。

❸ 系统自动对电脑进行扫描体检，窗口中显示体检进度并动态显示检测结果，如图16-19所示。

图16-19 进行电脑体检

❹ 扫描完成后，单击 [重新体检] 按钮，系统自动解决

电脑存在的问题。

❺ 完成后在打开的界面中可单击"重新体检"按钮，再次对电脑进行体检。

⏱ 试一试

在360安全卫士的"木马查杀"选项卡中对电脑进行快速扫描，并对扫描结果进行处理。

16.2 上机实战

本课上机实战将使用Windows 7自带工具整理电脑硬盘的磁盘碎片，通过360杀毒软件进行病毒查杀。通过对这两个上机任务的操作，让读者掌握维护磁盘和查杀病毒的具体操作方法。

上机目标：

◎ 熟练清理磁盘的操作方法。

◎ 熟练对磁盘进行分析，并对分析出的磁盘碎片进行整理的操作方法。

◎ 熟练掌握杀毒软件的使用方法。

◎ 熟练掌握利用杀毒软件进行全盘扫描、自定义扫描的操作方法。

建议上机学时：1学时。

16.2.1 对电脑进行磁盘维护

1. 操作要求

本例要求对电脑进行磁盘维护，包括整理磁盘碎片和清理磁盘等。

具体的操作要求如下。

◎ 先对系统磁盘进行检查，选择要删除的文件，然后再清理磁盘。

◎ 对系统磁盘进行分析，然后整理磁盘碎片。

2. 操作思路

根据上面的操作要求，本例的操作思路如图16-20所示。

（a）选择要删除的文件

图16-20 维护磁盘的操作思路

（b）分析并整理磁盘碎片

图16-20 维护磁盘的操作思路（续）

◎ 演示\第16课\对电脑进行磁盘维护.swf

❶ 打开磁盘属性对话框，单击"工具"选项卡，在"碎片整理"栏单击 [立即进行碎片整理(D)...] 按钮。

❷ 打开"磁盘碎片整理程序"窗口，选择要整理的磁盘，然后单击 按钮，对磁

盘进行分析。单击 按钮即可整理磁盘碎片。

16.2.2　使用360查杀病毒

1．操作要求

本例要求使用360杀毒软件对电脑进行病毒扫描，并对扫描结果进行处理。

具体的操作要求如下。

◎　打开360杀毒程序，选择"全盘扫描"方式对电脑进行病毒查杀。

◎　对查杀结果进行处理。

◎　使用"自定义扫描"方式对电脑中指定文件或文件夹再次进行扫描。

2．操作思路

根据上面的操作要求，本例的操作思路如图16-21所示。

演示\第16课\使用360查杀病毒.swf

（a）全盘查杀电脑

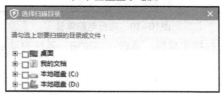

（b）在自定义查杀模式中选择目录

图16-21　使用360杀毒软件查杀病毒的操作思路

❶　启动360杀毒软件，在主界面单击"全盘扫描"按钮 。

❷　系统自动对电脑硬盘进行全盘扫描，完成后返回软件首页。

❸　单击"自定义扫描"按钮 ，打开"选择扫描目录"对话框。

❹　选中要自定义扫描的磁盘、文件夹或文件前的复选框，然后单击 按钮。

16.3　常见疑难解析

问：如果一段时间不使用电脑，病毒会自动消失吗？

答：不会的。电脑病毒实际上是一个程序，只要不删除它，它永远存在于电脑中。

问：应每隔多长时间对磁盘进行一次碎片整理比较合理呢？

答：根据每台电脑的使用情况来决定，如果电脑的使用频率很高，可一两个月整理一次。由于磁盘碎片整理需要的时间较长，所以应在比较空闲的时间里进行。

16.4　课后练习

（1）清理电脑各组件的灰尘及污垢后启动电脑，清理各磁盘中无用的文件，再进行碎片整理。

（2）使用360安全卫士为电脑体检，如有漏洞立即修复，然后清理系统垃圾和痕迹。

 演示\第16课\整理磁盘.swf、使用360安全卫士维护电脑.swf

附 录
项目实训

　　为了培养学生综合运用电脑知识进行自动化办公的能力，本书设置了6个项目实训，分别围绕"操作系统应用""文档编辑""电子表格制作""演示文稿制作""网络应用"和"办公软硬件的使用"这6个主题展开，各个实训由浅入深、由易到难，将电脑的操作技能融入到办公实践中。通过实训，引导学生将所学的基础理论知识灵活应用于实际工作，提高独立完成工作任务的能力，增强就业竞争力。

实训1　Windows操作系统的应用

【实训目的】

通过实训进一步巩固Windows操作系统的基本操作，具体要求及实训目的如下所述。

◎ 熟练掌握正确的开/关机方法，并养成良好的电脑使用习惯。

◎ 熟练掌握Windows中用鼠标单击、双击、右击和拖动等操作方法。

◎ 熟练掌握设置主题的方法。

◎ 熟练掌握键盘键位分布和指法分区。

◎ 熟练掌握通过拼音输入法输入汉字。

◎ 熟练掌握文件与文件夹的管理，并合理利用磁盘的空间来规划文件的存放位置。

【实训参考内容】

◎ **设置桌面外观**：开机进入Windows 7，将主题设置为"风景"，取消窗口的透明效果。

◎ **添加和删除输入法**：添加搜狗拼音输入法，设置切换热键，删除全拼输入法。

◎ **通过拼音输入法输入汉字**：通过搜狗拼音输入法将参考文件上的文字输入到记事本程序中，并以自己的名字保存。

◎ **创建文件夹**：打开"计算机"窗口，在D盘中以自己的姓名为文件名新建文件夹，再创建两个子文件夹，分别命名为"客户资料"和"员工档案"。

◎ **复制、移动与删除文件**：将桌面上的文件先复制到D盘的"客户资料"文件夹下，再将"客户资料"文件夹中的部分文件移至"员工档案"文件夹，最后删除桌面上的文件。

实训2　文档的制作与编排

【实训目的】

通过实训掌握Word文档的输入、编辑、美化与编排，具体要求及实训目的如下所述。

◎ 灵活运用汉字输入法的特点进行文本的输入与修改操作。

◎ 熟练掌握新建、保存、打开与关闭操作。

◎ 熟练掌握文本的复制、移动、删除、插入与改写、查找与替换等操作方法，且总结快速、高效编辑的方法，如使用快捷键等。

◎ 熟练掌握通过功能区和对话框对文本和段落进行设置的方法，了解不同类型文档的规范化格式，如行政性公文、事务性公文等。

◎ 熟练使用图片、剪贴画、艺术字、文本框、形状图形和表格等对象对文档进行美化，制作出图文并茂的文档。

◎ 熟悉并合理运用页面设置、项目符号和编号、边框与底纹等方式对文档页面进行编排与打印输出，总结文档编排要点。

【实训参考内容】

◎ **文档录入与编辑**：在Word中新建一个文档，保存至E盘；按照样文输入文字、符号等，或将指定文档中的文本复制到该文档中，对文档内容进行查阅并修改。

◎ **文档的格式设置**：分别设置字体、字号、字形、对齐方式、段落缩进、行间距、段间距、项目符号和编号，美化文档格式。

◎ **文档的图文排版**：插入提供的图片素材并进行图文混排，将文档标题制作成艺术字，将文档部分段落制作成分栏效果，并为特殊段落添加边框和底纹等效果。

◎ **文档表格的制作与设置**：在文档中插入表格并输入相关内容，对表格进行美化设置。

◎ **文档的版面设置与编排**：设置页面大小，添加页眉页脚并设置相应的格式，插入文档尾注，打印预览文档效果。

【实训参考效果】

本实训素材及参考效果参见本书配套光盘中的"招聘启事.docx"和"工作计划.docx"等文件。

实训3　电子表格的制作与计算

【实训目的】

通过实训掌握Excel电子表格的制作与数据管理，具体要求及实训目的如下所述。

◎ 熟练掌握Excel工作簿的新建、保存与打开操作及工作表的新建、删除等操作方法。

◎ 熟练掌握表格数据的输入、相同数据和有规律数据的快速输入、特殊格式数据的输入以及公式的插入等方法。

◎ 熟练运用不同的方法对工作表行、列和单元格格式进行设置，设置表格边框线与底纹。

◎ 熟练掌握用公式与函数计算表格中的数据的方法。

◎ 熟练掌握对表格中数据的排序、筛选和分类汇总操作的方法。

◎ 掌握根据表格中的部分数据创建图表和数据透视表的方法。

◎ 根据不同的需要打印输出表格，如设置每页都打印表头等。

【实训参考内容】

◎ **设置工作表行和列**：在表格中增加一行和一列数据、移动行数据、删除行和列、调整行高和列宽。

◎ **设置单元格格式**：分别设置字体、字号、字形、单元格对齐方式；将数值型单元格设置为相应的格式，如货币格式等；为表格添加边框线，为表头设置底纹。

◎ **工作表的操作**：新建多张工作表，重命名工作表，将一张工作表中数据复制到另一张工作表中，删除不需要的工作表。

◎ **计算和管理表格数据**：运用公式或函数计算表格中的数据，再对计算结果进行排序和筛选。

◎ **分析表格数据**：为表格中的数据区域创建图表和数据透视表，分析表格数据。

【实训参考效果】

本实训素材及参考效果参见本书配套光盘中的"日常办公费用表.docx"文件。

实训4　演示文稿的制作与放映

【实训目的】

通过实训掌握制作、美化与放映PowerPoint 2010幻灯片的操作方法，具体要求及实训目的如下所述。

◎ 熟练掌握用不同的方法实现幻灯片的新建、删除、复制和移动等操作。

◎ 熟练掌握幻灯片内容的编辑方法，包括文本的添加与格式的设置、图片的插入、图表的插入、图形的绘制与编辑、剪贴画的插入等。

◎ 通过应用幻灯片模板、母版和配色方案达到快速美化幻灯片的目的，了解不同场合演示文稿的配色方案。

◎ 熟练掌握多媒体幻灯片的制作方法，包括插入声音、视频和动画的操作。

◎ 熟练掌握幻灯片的放映知识，了解在不同场合下放映幻灯片要注意的细节和需求，如怎样快速切换、作标记等。

◎ 熟练掌握演示文稿打包的方法。

【实训参考内容】

◎ **幻灯片的操作**：创建演示文稿，在演示文稿中插入多张幻灯片，改变幻灯片的顺序，删除多余的幻灯片，对幻灯片应用统一的主题。

◎ **编辑和美化幻灯片内容**：在各张幻灯片中输入相应的文本，对幻灯片文本进行格式设置，添加项目段落文本；在各张幻灯片中插入指定的素材图片并进行编辑，在部分幻灯片中插入剪贴画、艺术字和文本框等对象，丰富幻灯片的内容，使其更为形象、生动。

◎ **编辑幻灯片动画和母版**：对幻灯片应用一种预设的动画方案，再对部分幻灯片中的对象自定义动画效果和播放顺序，通过编辑幻灯片母版添加统一页脚和播放控制按钮。

◎ **放映演示文稿**：对制作的幻灯片进行放映和

控制，如添加超链接、定位幻灯片、添加注释等。最后打包演示文稿。

【实训参考效果】

本实训素材及参考效果参见本书配套光盘中的"交流技巧.pptx"和"礼仪培训.pptx"。

实训5 Internet的应用

【实训目的】

通过实训掌握Internet在办公中的应用，具体要求及实训目的如下所述。

◎ 熟练掌握通过Internet查找资料的方法，总结快速、高效获取网上资料的技巧，以及怎样利用网络来解决工作中遇到的问题。

◎ 熟练掌握电子邮件的使用、Outlook邮件收发软件的使用及QQ软件的使用等方法。

◎ 熟练掌握下载网上资源的方法。

◎ 了解网上购物电子商务平台的操作流程。

【实训参考内容】

◎ **网上查询资料**：以"文秘""办公外

设""办公软件"为主题，上网搜索相关资料和图片等，将其保存到电脑中，并整理成相关的文档资料。

◎ **收发电子邮件**：使用Outlook给自己的老师发送一封电子邮件，邮件内容为本学期的学习总结，并附上相关作品，然后收取并回复老师的邮件。

◎ **相互交流**：通过电子邮件和QQ等网上交流方式组织班级开展一个学习讨论组，每个人可将自己的学习心得与作品发布到网上供同学欣赏，并开展讨论。

实训6 办公软硬件的使用

【实训目的】

通过实训掌握办公中常用软硬件的使用，具体要求及实训目的如下所述。

◎ 熟练掌握使用WinRAR压缩与解压缩的操作方法。

◎ 熟练掌握光影魔术手的操作方法。

◎ 熟练掌握使用Nero刻录文件的操作方法。

◎ 熟练掌握打印机的使用方法。

◎ 了解扫描仪的使用方法。

◎ 熟练掌握复印机的使用方法。

◎ 熟练掌握传真机的使用方法。

【实训参考内容】

◎ 获取相关的软件安装程序，下载后进行解压，再进行安装。

◎ 将自己的照片通过光影魔术手进行处理，然后浏览查看。

◎ 将重要的工作和学习文件通过Nero刻录到光盘中。

◎ 将制作的某个Word文件用打印机打印出来。

◎ 将现有的文件通过扫描仪扫描到电脑中。

◎ 将前面打印出来的Word文件复印两份。

◎ 将复印出来的文件通过传真机传给相关人员。